혜성 유성 소행성

혜성, 유성, 소행성

초판 1쇄 2002년 1월 30일
초판 6쇄 2008년 5월 2일

지은이 존 맨 | 옮긴이 이충호
펴낸이 한혁수

편집부 모계영, 홍연숙, 김유미, 김윤정
디자인 조경숙
마케팅 김남원, 강백산, 곽은영
제작관리 김남원

펴낸곳 도서출판 다림 서울시 구로구
구로동 191-7 에이스8차 906호
전화 538-2913~4 팩스 563-7739
등록 1997.8.1. 제1-2209호
E-mail darimbooks@hanmail.net
다림 카페 cafe.daum.net/darimbooks

ISBN 978-89-87721-43-9 03440

Comets, meteors and asteroids
ⓒ John Man 2001
ⓒ BBC Worldwide Limited
BBC logo ⓒ BBC 1998
The Moral rights of the author
have been asserted.

Korean translation edition
ⓒ Darim publishing Co. 2002
Published by arrangement with
BBC Worldwide, Ltd., UK
via Bestun Korea Agency, Korea.
All rights reserved.

This translation of
Comets, meteors and asteroids
first published in 2001 by
BBC Worldwide Limited under
the title Comets, meteors and asteroids
is published under licence from
BBC Worldwide Limited.

혜성, 유성, 소행성

존 맨 지음 | 이충호 옮김

다림

차 례

창조의 잔해

창조의 잔해

먼 옛날, 사람들은 신들을 아주 가깝게 느끼고 살았고, 신들이 가끔 하늘을 울리는 소리를 낸다고 믿었다. 로마 시대의 작가 루크레티우스는 "제우스는 거인족과 격렬하게 싸울 때, 튼튼한 손으로 벼락과 천둥과 번개를 날렸다."고 묘사했다. 북유럽 신화에서는 신들의 황혼(신들과 나쁜 신들의 대결전을 통해 세상이 멸망하는 것)은 지상이 불타 사라지는 것으로 끝난다고 이야기한다. 이러한 이야기는 한동안 미신에 불과한 것으로 여겨져 왔지만, 이제는 더 이상 단순히 미신적인 이야기로 웃어 넘길 수 없게 되었다. 옛 사람들은 우리가 잊고 지냈던 어떤 사실을 알고 있었던 것처럼 보인다. 그것은 바로 하늘에서 불(요새 말로 하자면 운석)이 떨어질 수도 있다는 사실이다. 그러나 지구에 떨어지는 암석은 행성 사이에 떠도는 작은 물체들 중 극히 일부에 불과하다. 이것들은 단순히 파괴자의 역할만 하는 것은 아니다. 먼 옛날에 먼 곳에서 태어난 이 방랑자들(운석뿐만 아니라 혜성, 유성, 소행성까지 포함하여)은 태양계와 우리 세계가 어떻게 생겨났는지 단서를 제공해 준다. 이것들은 우리 과거의 일부였으며, 앞으로 우리의 미래에도 큰 역할을 담당하게 될 것이다.

◀◀ 초기 태양계의 먼지 원반이 붕괴하면서 고리들이 만들어지고 있다. 각각의 고리에서 먼지들이 서로 뭉쳐 소행성과 행성(왼쪽 아랫부분에 있는 것처럼)으로 성장해 간다. 이것들은 늘 혜성과 충돌할 위험에 시달린다.

태양계의 기원

한때는 하늘이 인간의 운명을 결정한다는 생각이 당연하게 여겨졌다. 그러나 지난 200년 동안에 과학이 눈부시게 발전하면서 그러한 생각에는 미신이라는 낙인이 찍혔다. 대신에 태양계는 행성과 위성과 혜성이 인간의 삶과는 무관하게 뉴턴의 법칙에 따라 움직이고 있는 안전하고 안정된 장소라고 믿게 되었다. 그런데 최근에 와서 과학자들은 우리의 운명이 하늘과 결코 무관한 것이 아니라는 사실을 깨닫게 되었다. 특히, 행성들 사이에서 제멋대로 돌아다니는 작은 물체들은 우리의 운명에 큰 영향을 끼칠 수 있다.

이 물체들의 정체를 이해하기 위해, 지구가 태어나기 이전의 시대로 돌아가 보자. 약 46억 년 전에 우리 은하의 가장자리 근처에 한 별이 폭발하면서 방출된 희박한 성간 가스와 먼지 구름이 떠돌고 있었다. 수소와 헬륨 분자가 도처에 흩어져 있는 이 지역은 약 100억 년 전부터 별들의 폭발에서 나온 원소들이 계속 흘러들고 있었다. 그러다가 먼지와 가스가 우연히 만나 작은 입자가 만들어졌는데, 그것은 주변 지역보다 밀도가 조금 더 높았다. 이러한 미소한 차이만으로도 중력은 큰 힘을 발휘하기 시작했다. 점차 그 입자는 주변의 가스와 먼지를 끌어당겨 둥근 모양이 되면서 중력 때문에 자기 중심을 향해 무너지기 시작했다(이것을 '붕괴' 한다고 한다).

온도는 절대 영도(−273°C) 근처에 불과하던 것이 약 1000°C로 치솟았다. 솟아오르는 가스 불꽃이 여분의 열을 표면까지 옮겨 갔고, 그 곳에서 희미한 빛을 내며 냉각된 다음, 다시 중력의 힘에 의해 깊은 곳으로 떨어졌다. 이 공 모양의

태어난 지 약 10억 년이 지난 어린 태양계의 모습 원시 행성과 미행성체, 소행성, 혜성들이 불안정한 나선 원반 속에서 들끓고 있었다.

가스덩어리는 처음에 약간 움직이고 있었는데, 그 움직임은 이제 회전 운동으로 변했다. 가스덩어리가 수축함에 따라 회전 속도는 더 빨라졌다. 이것은 피겨 스케이팅 선수가 팔을 벌리고 돌다가 팔을 접으면 회전 속도가 빨라지는 것과 같은 이치이다. 5000만 년이 지날 무렵, 원반 중심부의 온도는 약 800만 °C에 이르렀다. 드디어 수소가 핵융합 반응을 일으키며 불타기 시작하면서, 태양이 탄생하였다.

한편, 가스덩어리 중심부가 수축하고 난 뒤에도 바깥쪽에는 가스와 먼지의 소용돌이가 남았다. 중력과 원심력의 작용으로 이 소용돌이는 원반 모양으로 납작해졌고, 원반의 안쪽 부분과 바깥쪽 부분은 서로 다른 속도로 회전하면서 더 작은 소용돌이들로 쪼개져 나갔다. 태양에서 불과 몇 미터만 더 멀리 떨어져 있어도 먼지 입자들은 조금 더 느린 속도로 돌기 때문에, 안쪽에서 도는 입자들은 바깥쪽에서 도는 입자들을 추월했다.

그 입자들은 중력에 끌려 서로 충돌하면서 때로는 뭉쳐서 작은 조각을 형성했는데, 그것은 처음에는 자갈만 한 것에서 조약돌, 바위만 한 크기로 점점 커져 갔다. 그러다가 마침내 산만 한 크기가 되었는데, 이것을 '미행성체'라 부른다. 때로는 커져 가던 바위가 격렬한 충돌을 겪으면서 산산조각나기도 했다. 과학자들은 컴퓨터 시뮬레이션으로 이 과정을 재현해 보았다. 그 결과, 이러한 부착, 충돌, 파괴, 재생성 과정이 1억 년 정도 진행된 뒤에 마침내 오늘날 우리가 알고 있는 아홉 개 행성의 대략적인 핵이 만들어졌다.

행성의 탄생

행성의 탄생 과정은 태양과의 거리에 따라 각각 다르다. 태양에 아주 가까운 곳에서는 온도가 약 2000 °C에 이르렀는데, 이렇게 뜨거운 온도에서는 입자들이 서로 들러붙을 수 없었다. 태양에서 8000만~3억 2000만 km 거리에서는 온도

가장 큰 충돌 크레이터

목성의 위성인 칼리스토(오른쪽)의 표면에는 태양계에서 가장 큰 충돌 크레이터(운석의 충돌로 생긴 커다란 구덩이)가 남아 있다. 발할라(Valhalla)라는 이 크레이터의 중앙 평원은 크기가 독일과 비슷하다. 얼음으로 덮여 빛나고 있는 이 크레이터는 과녁처럼 보이는데, 충격으로 뒤틀린 암석들이 과녁의 원처럼 30개의 원을 이루면서 2600 km나 뻗어 있다. 칼리스토의 반구 전체를 뒤덮고 있는 이 원들은 유럽 전체의 크기와 비슷하다. 이 크레이터는 아주 격렬한 충돌로 생겼는데, 그 충돌로 암석과 얼음이 녹아 밖으로 분출했다가 −165 °C의 차가운 표면 온도 때문에 곧 다시 얼어붙었다.

가 약 300℃로 떨어졌는데, 이 곳에서 기체는 열 운동 때문에 제멋대로 움직였지만, 고체 먼지 입자들은 서로 들러붙어 점점 커져 갔다. 그러한 덩어리 중에서 살아남은 4개가 태양계 안쪽 궤도를 도는 수성, 금성, 지구, 화성이 되었다. 이 행성들에 남아 있던 기체 물질은 강한 태양풍(태양에서 뿜어 나오는 복사의 흐름)에 날아가 버렸다. 이러한 강한 태양풍과 함께 이제 행성 내부에서 나오는 방사능의 열로 인해 행성의 핵은 녹은 다음, 응축되었다. 이 과정에서 밀도가 낮은 물질이 표면으로 떠올라 맨틀과 지각을 이루게 되었다.

한편, 태양계 원반의 바깥쪽에서는 햇빛이 약해 기체의 온도가 절대 영도에서 그리 높이 올라가지 못했다. 원소 입자들과 기체 입자들은 서로

뭉쳐 4대 기체 행성인 목성, 토성, 천왕성, 해왕성의 핵이 만들어졌다. 이 핵들은 천천히 궤도를 돌면서 행성간 공간에 남아 있던 파편들을 흡수하였다(가장 멀리 떨어져 있는 명왕성은 특이한 행성이다. 매우 길쭉한 타원 궤도와 작은 크기로 보아 명왕성은 원래는 다른 행성의 위성이던 것이 떨어져 나간 것이 아닌가 생각된다).

그러나 행성간 공간에 남아 있던 모든 파편이 흡수된 것은 아니었다. 거기서 살아남은 파편, 즉 태양계 안쪽 궤도를 돌고 있는 고체덩어리들과 바깥쪽 궤도를 돌고 있는 눈덩어리들이 바로 이 책의 주인공인 소행성과 유성 및 혜성이다.

토성의 고리는 먼지와 암석으로 이루어져 있다. 이것들은 서로 간의 충돌과 중력 효과에 의해 안정한 띠를 이룬 채 토성 주위를 돌게 되었다. 토성의 고리는 태양계의 생성 과정을 보여 주는 작은 모형 역할을 한다.

대폭격

이러한 태양계 생성 이론은 18세기 중반에 독일의 철학자 이마누엘 칸트(Immanuel Kant)가 제안한 것과 비슷하다. 칸트는 다만 추측으로 그렇게 생각했을 뿐이지만, 오늘날의 천문학자들은 이 시나리오가 대체로 옳다고 확신한다. 다른 별 주위에서 먼지막과 행성 원반이 생성되는 것이 발견되었기 때문이다. 아직 세부적인 과정은 불확실한 채로 남아 있지만, 이 이론은 태양계에 관한 많은 것을 설명해 준다. 예를 들면, 왜 태양계의 행성들이 모두 똑같은 방향으로(태양의 자전 방향과 똑같이) 돌고 있으며, 왜 공전 궤도면이 거의 같은 평면상에 있는지 설명해 준다(만약 태양계를 팬케이크만 한 크기로 축소한다면, 행성들의 공전 궤도면의 두께는 겨우 1cm밖에 안 된다). 또한, 왜 주요 행성들이 원에 가까운 궤도를 돌며, 왜 안쪽 행성들은 크기가 작고 고체 물질로 이루어져 있는 반면 바깥쪽 행성들(명왕성은 제외)은 거대 기체 행성인지 설명해 준다.

소행성, 운석, 혜성

이 이론은 또한 태양이나 행성의 생성에 사용되지 않고 남은 물질(먼지 입자, 암석, 떠도는 기체 물질)이 아주 많이 존재하는 이유도 설명해 준다. 이 물질들은 그 성질에 따라, 또는 이 곳 지구에서 어떻게 관측되느냐에 따라 여러 가지 이름으로 불린다. 먼지 입자(대개 지름이 1미크론, 곧

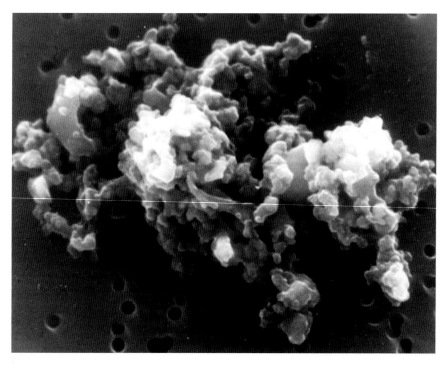

성간 먼지(혜성의 재료 물질)는 작은 알갱이들로 이루어져 있으며, 사진에서 보는 것처럼 뭉쳐서 지름 10미크론(1미크론은 $\frac{1}{1000}$mm) 정도의 작은 입자들을 이룬다.

$\frac{1}{1000}$ mm 미만임)는 너무 작아서 망원경으로도 보이지 않는다. 그렇지만 서로 뭉쳐서 성간 구름을 이루고 있거나 맑은 날 밤에 대기 중으로 들어오면서 유성으로 불타오를 때 볼 수 있다(유성을 뜻하는 영어 단어 meteor는 대기 현상을 통틀어 일컫는 그리스어에서 유래했다. 그래서 모든 대기 현상을 다루는 학문을 meteorology라 하는데, 19세기에 들어와서야 meteorology는 '기상학'이라는 좁은 의미로만 사용되게 되었다).

유성체보다 크기가 더 큰 것을 소행성이라 하는데, 규칙적인 궤도를 도는 것도 있고 행성들 사이의 공간을 제멋대로 돌아다니는 것도 있다. 소행성의 크기는 작은 돌만 한 것에서부터 미행성체만 한 것에 이르기까지 다양하다. 소행성이 지구의 대기권을 지나면서 다 타지 않고 지표면에 떨어진 것을 운석이라 한다. 가벼운 기체덩어리는 태양 가까이에서는 태양의 강한 복사 압력 때문에 증발해 버리거나 태양계 바깥쪽으로 밀려간다. 태양계 바깥쪽으로 밀려간 기체 물질은 먼지와 섞여 혜성을 만드는 재료 물질이 된다.

▲ 유성은 가끔 분해되면서 마치 폭발하는 듯한 착각을 일으킨다. 1719년에 제작된 이 목판화는 별들과 혜성과 유성이 어우러져 공포스러운 분위기를 연출하고 있다.

▲ 1783년에 그린 이 그림은 유성이 분해되는 장면을 더 정확하게 묘사하고 있다.

유럽에서 902년은 '별들의 해'로 불렸는데, 그 해에 많은 유성이 밤 하늘에 눈송이처럼 흩날렸기 때문이다.

▲ 화성의 위성인 포보스는 소행성이 화성의 중력에 붙들린 것으로 생각된다. 많은 크레이터 중에는 포보스를 거의 산산조각낼 만한 충격에 의해 생긴 것도 있다.

◀ 목성의 위성인 가니메데는 태양계의 위성 중 가장 크다. 변형된 지형과 함께 여기저기 작은 크레이터들이 흩어져 있는 것으로 보아 오래 된 큰 크레이터들은 지질 활동을 통해 지워진 것 같다.

혜성은 태양 가까이 다가갔을 때에만 머리 부분이 빛을 내고, 긴 꼬리를 흩날리게 된다. 혜성을 그리스어로 '아스테르 코메테스(aster kometes)'라 하는데, '긴 머리카락을 휘날리는 별'이란 뜻이다.

한때 이 천체들은 위성이나 행성과 다른 것은 물론이고, 서로끼리도 전혀 다른 종류라고 생각되었다. 소행성은 암석과 철로 이루어졌고, 혜성은 햇빛에 의해 증발하는 부드러운 물질로 이루어졌다고 생각했다. 그런데 오늘날 이 두 천체가 사실은 같은 종류일지도 모른다는 사실이 밝혀

졌다. 혜성이 기체 물질을 다 잃고 나면 소행성이 될 수 있다. 실제로 천문학자들은 소행성 중 약 $\frac{1}{3}$은 '죽은' 혜성이라고 추정한다. 소행성과 혜성은 모두 기체 물질과 먼지로 이루어져 있다. 소행성이 행성의 중력에 붙잡혀 위성이 될 수도 있고(화성의 작은 두 위성이 그런 경우로 생각된다), 행성의 중력에서 벗어난 위성이 소행성이 될 수도 있다. 작은 행성보다 더 큰 위성도 있다(목성의 가니메데는 수성보다 크다). 큰 소행성은 이름 그대로 작은 행성이라고 볼 수 있고, 반대로 작은 행성을 소행성으로 간주할 수도 있다. 예를 들면, 명

왕성은 흔히 행성으로 분류하지만, 이심률이 아주 큰 궤도(즉, 아주 길쭉한 타원 궤도)를 돌고 있기 때문에 오히려 소행성으로 분류하는 게 적절할지도 모른다. 한편, 명왕성에는 작은 위성 카론(Charon)이 딸려 있는데, 그 크기는 알려진 소행성 중에서 가장 큰 세레스(Ceres)와 비슷하다.

태양계의 진화

암석 파편, 먼지, 기체는 태양계의 진화에서 아주 중요한 역할을 담당했다. 그것은 천체들의 생성과 재생성 과정이 끊임없이 계속되었기 때문인데, 태양과 행성들은 남아 있던 물질들을 계속 열심히 흡수했다. 그 중 일부는 태양 속으로 떨어졌다. 처음 수억 년 동안 행성들의 역사는 극적인 사건과 대참사로 얼룩졌다. 소행성과 혜성이 끊임없이 충돌했고, 이미 생긴 크레이터 위에 새로운 충돌이 일어났으며, 때로는 그 충격으로 녹은 암석이 우주 공간으로 튀어나가기도 했다. 큰 소행성이나 혜성이 행성을 스치며 충돌할 경우에는 행성의 자전축이 기울어지거나 자전 방향이 바뀌는 일까지 일어났다(금성, 천왕성, 명왕성의 자전 방향이 공전 방향과 다른 것은 이 때문이다).

 ## 화성에서 날아온 암석

1984년, 남극의 앨런 고원에서 운석을 찾던 사람들은 감자만 한 크기의 초록빛을 띤 암석을 발견했다. ALH 84001(그 해에 앨런 고원에서 채집된 첫 번째 암석)이라 명명된 이 운석은 그 화학 구조와 45억 년 전에 그 속에 갇힌 작은 공기 주머니로부터 놀라운 역사를 지녔다는 사실이 드러났다. 1976년에 화성 탐사선 바이킹 착륙선이 수집한 공기와 비교한 결과, 이 운석은 화성에서 만들어진 암석으로 밝혀졌다. 이 암석은 소행성이나 혜성이 화성의 수면에 충돌할 때 지표면으로 튀어나온 다음, 화성이 말라 가는 동안 수천만 년 이상 화성 표면에 머물러 있었다. 그러다가 1500만 년 전에 또 다른 천체가 충돌하면서 우주 공간으로 튀어나가 배회하다가 약 13,000년 전에 남극에 떨어졌다. 데이비드 맥케이(David S. McKay)가 이끄는 NASA(미 항공우주국) 연구팀은 그 운석에서 미화석처럼 보이는 아주 작은 흔적들을 발견했는데, 화성에 존재했던 원시 미생물의 흔적이 아닌가 추측했다. 1996년, 남극에서 발견된 운석에서 화성 생명체의 흔적을 찾았다는 발표가 나오자, 국제적으로 큰 관심을 불러일으켰다. 어떤 과학자도 그 증거가 확실하다고는 말하지 않았지만, 그 가능성을 완전히 무시할 수는 없었다. 어떤 결론이 나오든지 간에, 화성에서 날아온 암석은 운석과 화성과 생명의 본질에 대한 연구에 불을 당겼다.

▲ 1984년에 남극에서 발견된 화성 암석.

▼ 위의 암석에 붙은 미화석을 10만 배로 확대한 모습.

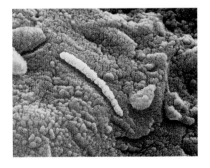

약 6억 년이 지난 뒤, 태양계는 비로소 비교적 안정 상태에 접어들었다. 대기 활동과 지질 활동이 활발한 천체들은 폭격으로 얼룩진 표면을 다시 만들었지만, 많은 천체들에는 약 40억 년 전에 끝난 폭격의 흔적이 그대로 남아 있다. 달은 그러한 초기의 폭격에 의해 생성된 것이 거의 확실하다. 소행성이 지구에 비스듬히 충돌하면서 어린 지구의 맨틀이 상당 부분 떨어져 나가 지구 주위를 도는 위성이 된 것이다. 달 표면이 굳어질 때, 더 많은 파편들이 충돌하면서 달 표면의 암석을 녹이고 오늘날 '바다' 라 부르는 거대한 평원들을 만들었다. 시간이 지나면서 비처럼 쏟아지던 하늘의 파편들은 점차 줄어들었고, 그 크기도 점점 작아졌다.

수성도 달과 비슷한 운명을 겪었고, 그 표면 모습도 달과 흡사하다. 용암으로 덮인 거대한 칼로리스 분지는 폭이 1300 km나 되는데, 달의 바다와 아주 비슷하다. 달처럼 수성에도 나중에 생긴 작은 크레이터들이 규칙적으로 흩어져 있지만, 그 수는 훨씬 적다(이러한 차이는 운석의 분포가 태양의 중력에 의해 영향을 받았음을 시사한다). 화성에서는 크레이터의 분포가 고르지 않다. 북반구에서는 화산 활동과 용암 분출이 많이 일어나 크레이터를 덮어 버린 것으로 보인다. 남반구에서는 비록 많은 크레이터가 바람에 날려 생긴 모래 언덕에 의해 덮이긴 했지만, 그 모습은 달이나 수성과 비슷하다. 금성에서는 짙은 대기와 격렬한 바람과 화산이 표면의 모습을 변화시키지만, 그래도 커다란 크레이터가 여럿 살아남았다. 목성의 위성 중 가장 큰 가니메데(Ganymede)와 그 자매 위성인 칼리스토(Callisto)도 크레이터로 뒤덮여 있다. 토성의 위성 18개 중에서는 단 하나

달 표면의 어두운 '바다' 는 큰 충돌이 일어나 생긴 크레이터가 나중에 편평해진 곳이다. 이러한 충돌은 달이 지구에서 떨어져 나온 후, 우주 공간을 떠돌던 물체들이 달에 충돌해 일어났을 것이다.

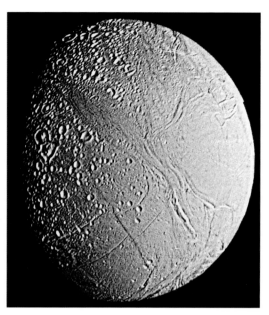

▲ 토성의 위성인 엔켈라두스(Enceladus)에서도
크레이터를 볼 수 있다. 또, 나중에 얼음과 용암이
흘러가면서 생긴 평원도 발견된다.

◀ 나중에 생긴 작은 크레이터들이 수성의 칼로리스 분지를
뒤덮고 있는 모습. 칼로리스 분지는 그보다 더 이전에 일어난
충돌에서 암석이 녹아 생성된 '바다'이다.

(타이탄)를 제외한 나머지 모두에서 크레이터가
발견된다. 천왕성의 위성은 지금까지 모두 15개
가 발견되었는데, 그 중 여러 위성에서 크레이터
를 볼 수 있으며, 움브리엘(Umbriel)의 경우에는
크레이터 자국이 너무 빽빽하게 나 있어 서로 겹
친 것들도 있다.

　40억 년 이상의 시간이 지나는 동안 우주 공
간에 떠돌던 먼지와 큰 물체들은 대부분 행성과
태양에 충돌해 사라졌으나, 아직도 상당량이 남
아 있어서 행성들에 비처럼 쏟아지고 있다. 그 비
의 대부분은 먼지 입자로 이루어져 있으며, 엄청

난 양이 쏟아지는데, 지구에는 매일 약 1억 개의
먼지 입자가 쏟아지고 있다. 대부분은 핀 대가리
보다도 작은 크기여서 눈에 보이지 않게 타 없어
진다. 그것보다 더 큰 것들만이 대기 중으로 좀더
깊이 뚫고 들어와 밤 하늘에 유성으로 보인다. 맑
은 날 밤에 하늘을 바라보면, 한 시간에 대여섯
개의 유성을 볼 수 있다. 우주 공간상에 이 입자
들이 모여 있는 장소를 지구가 지나갈 때마다 밤
하늘에 유성이 갑자기 많이 쏟아지는데, '유성
우'라고 부르는 이 현상은 일 년에 십여 차례 일
어난다.

혜성의 신상 명세서

대개의 경우, 유성우는 혜성 때문에 생긴다. 혜성은 계속 조금씩 분해되어 가고 있다. 머리 부분은 느슨하게 뭉쳐진 얼음 알갱이들이 '더러운 눈뭉치(dirty snowball)'라 부르는 덩어리를 이루고 있다. '더러운 눈뭉치'라는 용어는 1950년에 미국의 천문학자 프레드 휘플(Fred Whipple)이 만들어 냈다. 이 눈뭉치들은 대부분의 시간을 태양에서 아주 멀리 떨어진 얼어붙은 성간 황무지에서 돌고 있다. 우주 여행을 하는 우주 비행사가 볼 때 이것들은 보인다 하더라도 다른 별보다 훨씬 어둡게 보인다. 이 눈뭉치는 태양을 향해 다가올 때에만 진정한 혜성이 된다. 태양의 중력에 끌려오는 혜성은 태양에 가까워질수록 기체 물

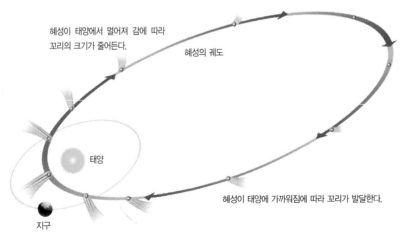

혜성이 태양에서 멀어져 감에 따라 꼬리의 크기가 줄어든다.

혜성의 궤도

태양

지구

대부분의 혜성은 타원 궤도를 그린다. 어떤 것은 그 궤도가 명왕성 궤도 밖에까지 뻗어 있다. 꼬리는 태양 열에 의해 생겨나며, 태양풍에 밀려 태양의 반대쪽으로 휘날린다.

혜성이 태양에 가까워짐에 따라 꼬리가 발달한다.

▲ 오랫동안 노출하여 찍은 혜성의 사진. 1992년에 태양을 방문한 스위프트-터틀 혜성의 모습이 흐릿한 별들을 배경으로 잡혔다. 혜성의 특징인 흐릿한 머리 부분과 꼬리가 분명하게 나타나 있다.

◀ 밤 하늘에서 빛을 내며 떨어지는 유성. 유성을 볼 수 있는 시간은 1초 미만이기 때문에, 렌즈를 열어 놓은 사진기로 촬영했다. 그 때문에 다른 별들이 이동한 모습이 흐릿하게 나타나 있다.

질이 가열되면서 분출된다. 태양 열에 기화되어 길게 뻗어 있는 꼬리 부분은 아주 가벼워 태양 복사의 압력(태양풍)에 밀려 항상 태양의 반대편을 향해 뻗어 나간다.

단주기 혜성은 태양에 비교적 가까운 궤도를 돌면서 200년 이내에 다시 태양으로 돌아오는 혜성이다. 어떤 것은 행성 곁을 지나가다 그 중력의 영향으로 태양계 바깥으로 영영 벗어나기도 한다. 장주기 혜성은 태양 주위를 한 바퀴 도는 데 200년에서 최고 1000만 년까지 걸리며, 그 궤도는 태양과 가장 가까운 별의 중간 지역까지 뻗어 있다. 이 곳에는 잠재적인 혜성들이 수십억 개나 머물고 있는 것으로 추정된다.

혜성은 유성우를 쏟아지게 하는 원천을 제공한다. 혜성이 남긴 희박한 꼬리는 기다란 성간 먼지 구름이 되어 우주 공간에 수십 년 동안 머무르면서 서서히 퍼져 나간다. 그 중 많은 꼬리들은 지구가 지나가는 궤도와 만난다. 그래서 지구가 그 곳을 지나갈 때, 꼬리를 이루는 물질이 유성우가 되어 떨어진다. 페르세우스자리 유성우는 스위프트-터틀 혜성이 남기고 간 잔해이다. 이 혜성은 19세기에 처음 발견된 이래 1992년에 다시 발견되었다. 스위프트-터틀 혜성은 130년마다 태양을 찾아오지만, 그 잔해는 우주 공간에 화석으로 굳은 물결처럼 남아 있어, 지구가 그 곳을 지나갈 때마다 매년 한 차례씩 유성우가 되어 쏟아진다.

혜성은 행성의 중력에 의해 분해되어 극적인 최후를 맞이할 수도 있다. 예를 들면, 1826년에 6.75년의 짧은 주기를 가진 새로운 혜성이 발견되었다. 1845년에 세 번째로 나타난 그 혜성은 두 조각으로 나누어졌다. 1872년에 그 일부가 지구로 쏟아지며 한 차례의 극적인 유성우 쇼를 연출했다. 혜성이 가장 극적으로 분해되는 사건은 1990년대 초에 일어났다. 그 때, 새로운 혜성이 발견되었고, 그것을 발견한 두 천문학자의 이름을 따 슈메이커-레비 혜성이라는 이름이 붙었다. 이 혜성은 1994년 9월에 목성의 중력장에 붙들려 기다랗게 일렬로 늘어선 여러 조각으로 분해된 다음, 목성으로 차례로 끌려가 큰 폭발을 일으키며 최후를 맞이하였다(▷ 86쪽 참고). 혜성이 태양 주위를 여러 차례 지나가면서 기체 물질이 다 증발하고 핵만 남게 되면, 그것은 행성 사이에 떠도는 다른 소행성처럼 소행성으로 진화하게 된다.

가까이에서 본 소행성의 모습

불규칙하게 생긴 큰 암석만 한 것에서부터 구형의 작은 위성만 한 것에 이르기까지 다양한 크기와 모양의 소행성이 태양 주위의 궤도를 돌고 있다. 최근에 망원경과 레이더 및 우주 탐사선을 이용하여 소행성에 대한 분석이 아주 자세히 이루어졌다.

알려진 소행성 중에서 지름이 100 km 이상인 것은 모두 25개이며, 지름 75~100 km인 것은

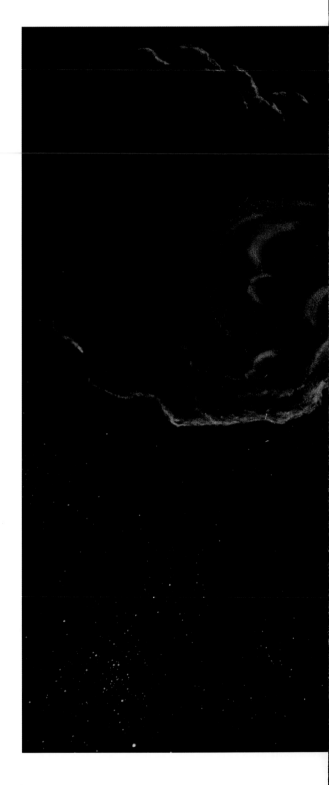

소행성대에서 태양 주위를 돌고 있는 두 소행성의 상상도. 햇빛이 태양 근처의 먼지 구름에 의해 산란되고 있다. 화살표가 가리키는 행성은 화성이다.

50여 개이다. 이보다 작은 소행성은 지름이 작아질수록 그 수가 점점 많아진다. 8000여 개의 소행성에는 이름이 있는데, 그 모든 이름에는 숫자가 붙어 있다(천문학자들은 253 마틸드나 288 글라우케라는 식으로 대개 소행성의 이름에 숫자를 붙여 나타낸다). 지름이 1 km 이상인 소행성은 3만 개 이상 알려져 있지만, 이것은 바위나 조약돌 또는 자갈만 한 크기로 존재하는 수백만 개의 소행성 중 극히 일부에 지나지 않는다.

대부분의 소행성은 화성과 목성 사이의 소행성대에 존재하는데, 이것들은 필시 목성의 강한 중력장 때문에 행성으로 자라지 못한 재료 물질일 것이다. 이 곳에서는 소행성들은 다른 행성의 중력장의 영향을 받지 않지만, 서로끼리의 영향까지 피할 수는 없다. 비록 수백만 개의 소행성이 주어진 공간에 안정적으로 자리잡고서 궤도를 돌고 있지만(우주 탐사선 여러 대가 소행성대 사이를 무사히 뚫고 지나갔다), 그 궤도는 3차원 공간에서 움직이는 범퍼카처럼 계속 변한다. 그래서 결국에는 어떤 소행성이라도 여러 차례 충돌하는 것을 피할 수 없다.

오랜 동안은 먼지나 조약돌만 한 크기의 물체하고만 충돌이 일어나겠지만, 결국 초속 5 km로 달리는 큰 물체에 부딪치면 지름 수 km 미만의 소행성은 산산조각나고 만다. 때로는 앞서 일어난 충돌에서 생긴 작은 돌들이 함께 뭉쳐 불규칙한 모양의 바윗덩어리를 이루기도 한다. 예를 들어 카스탈리아(Castalia)는 두 개의 바위가 뭉쳐 생긴 '이중' 소행성으로, 네 시간마다 한 바퀴씩

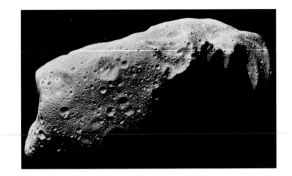

▲ 이다(Ida)는 길이가 56 km이고 허리 부분이 잘록한데, 이것은 두 소행성이 충돌해 결합했다는 것을 말해 준다.

▶ 화가가 그린 이카루스(Icarus)의 상상도. 태양에 가장 가까이 접근하면서 (수성보다 태양에 3000만 km나 더 가까이 접근함) 그 표면이 붉은색으로 달아오르고 있다.

자전하고 있다. 한편, 지오그라포스(Geographos)는 길이 5 km, 폭 2 km의 시가 모양이다. 이러한 혼돈의 역사를 거치며 소행성은 매우 다양한 모양을 갖게 되었는데, 어떤 것은 원시 태양계의 화학적 조성을 그대로 간직하고 있는가 하면, 어떤 것은 심하게 부딪히고 녹아 초소형 행성처럼 화학적 가마솥으로 변했다.

소행성은 소행성대에만 존재하는 것은 아니다. '트로이군'이라 알려진 소행성들은 두 무리를 이루어 목성과 같은 궤도를 돌고 있는데, 하나는 목성보다 60° 앞선 위치에서, 다른 하나는 60° 뒤처진 위치에서 일종의 중력적 조화를 이루며 움직인다. 일부 소행성은 이심률이 매우 큰 궤도를 그리며 도는데, 어떤 것은 지구의 궤도를 가로질러 가며, 때로는 위험할 정도로 가까이 접근하기도 한다. 행성과 마찬가지로 소행성의 공전 궤도도 모두 행성의 원반면과 거의 일치한다. 이

11월에 사자자리 유성우에서 떨어지는 유성들이 긴 선을 그리며 지상으로 떨어지고 있다.

것은 소행성도 행성과 똑같은 과정을 통해 생겨 났음을 시사한다. 단 하나 이카루스(Icarus)만큼 은 원반면 아래에서 비스듬히 올라오는데, 이것 으로 보아 이카루스는 별들 사이에서 자유롭게 떠돌아다니던 물체가 태양의 중력에 붙들린 것 으로 추정된다.

크고 작은 운석

소행성은 그 화학적 성분이나 역사가 무척 다 양한 천체이다. 소행성은 주로 암석으로 이루어 진 것도 있고, 철로 이루어진 것도 있고, 두 가지 가 함께 섞인 것도 있다. 산소의 함량도 제각각인 데, 생겨난 장소가 태양에서 얼마나 먼가에 따라 탄소 함량이 매우 높은 것이 있는가 하면, 물을 포함하고 있는 것도 있다. 니켈과 철(안쪽 행성들 의 핵을 이루는 성분)을 풍부하게 포함하고 있는 것은 100만 년에 1°C 정도로 아주 느리게 냉각 된 것으로 보인다. 따라서, 이러한 소행성은 처음 에는 최소한 지름이 100 km인 암석 속에 들어 있었던 것이 분명하다. 이 소형 행성들은 스스로 내부에서 열을 만들어 내고 핵과 지각이 발달할 정도로 컸다. 그러던 것이 수천 년에 걸쳐 다른 천체와 충돌하면서 지각은 날아가고 핵만 남게 되었다. 그 중 일부는 산업 혁명 이전의 문화에서

이 운석은 선사 시대에 나미비아의 호바웨스트 근처에 떨어졌다. 1920년에 발견된 이 운석은 무게가 60톤이나 나가며, 현재까지 남아 있는 가장 큰 운석 중 하나이다.

19세기 초에 칠레의 아타카마 사막에서 발견된 이 석철질 운석은 태양계가 진화하던 무렵에 만들어진 것이다.

유용한 철의 자원으로 사용되었다.

대부분의 운석은 혜성의 잔해라고 보기에는 밀도가 아주 높다. 대부분 크기는 조약돌이나 작은 돌만 하지만, 그보다 큰 것도 있고 아주 큰 것도 간혹 있다. 역사 시대가 시작된 이래 사람들은 운석이 하늘에서 떨어졌다는 사실을 알게 되었고, 종종 그것을 신성한 물건으로 받들었다. 성경에서 에베소 사람들은 디아나(Diana) 여신과 '하늘에서 떨어진 물체'를 숭배했다. 한편, 이슬람 교도들이 가장 신성한 물건으로 여기는, 메카의 대사원에 있는 흑석(黑石)도 대기를 지나오는 동안에 새카맣게 탄 운석임이 거의 확실하다. 운석은 전통적으로 마술의 돌로 간주되었기 때문에 과학자들은 그것을 연구 대상으로 삼으려고 하지 않았다. 그러다가 1794년에 독일의 물리학자 에른스트 클라드니(Ernst Chladni)가 동료 과학자들의 조롱을 무릅쓰고 운석이 실제로 우주의 물질 조각이라고 주장하면서 운석은 처음으로 과학적 연구 대상이 되기 시작했다.

매년 수백 개의 운석이 섬광을 내며, 때로는 일련의 폭발과 함께 땅으로 떨어진다. 보통 사람들의 눈에는 그저 그렇고 그런 돌덩어리로 보이지만, 운석은 천문학자들에게 매우 소중한 자료이다. 미국의 우주 비행사들이 달에서 가져온 월석을 제외하고는, 운석은 과학자들이 직접 연구할 수 있는 태양계의 유일한 파편이기 때문이다. 대부분의 운석은 바다에 떨어지지만, 매년 수백 개의 운석이 회수되고 있다. 운석이 가장 많이 발견되는 장소는 남극인데, 빙하가 운석들을 아래로 쓸어 내려가 눈에 잘 띄는 곳에 노출시키기 때문이다. 1969년에 남극 대륙에서 최초의 운석이 발견된 이래 9000개가 넘는 운석이 이 곳에서 발견되었는데, 그 운석들의 모양은 천체에 대해 많은 정보를 제공해 주었다.

▲ 1969년, 멕시코의 푸에블리토데아옌데 근처에 떨어진 무게 2톤짜리 운석의 일부를 50배로 확대한 모습. 이 복잡한 구조 속에는 39종의 원소가 포함돼 있다.

▶ 애리조나주 플래그스탭 근처에 있는 미티어 크레이터는 지름이 1.2 km, 깊이가 약 200 m나 된다. 이 구덩이를 만든 무게 6000만 톤의 소행성은 충돌과 함께 증발해 버렸다.

혜성의 잔해이건 아니면 다른 것이건 간에 큰 운석은 행성(지구를 포함하여)의 진화에 지속적인 영향을 미쳤으며, 때로는 극적인 영향을 미쳤다. 지구 대기권에 들어온 운석 중 일부는 아예 지표면에 이르지도 못한다. 1975년에서 1992년 사이에 미국의 인공 위성들은 대기 상층부에서 일어난 136회의 폭발을 관측했는데, 모두 작은 운석이 폭발한 것으로 추정된다. 대기 중에서 다 타지 않고 지표면까지 도달한 것 중에는 극적인 결과를 가져온 것도 있다. 미국 애리조나 주에 있는 미티어 크레이터(Meteor Crater: '운석 구덩이'란 뜻)는 깊이가 182 m에 지름이 1200 m나 되

☆ 1992년 10월 9일, 불덩어리가 뉴욕 주 상공을 지나 소도시 픽스킬에 떨어지면서 주차돼 있던 차의 뒤창을 박살냈다.

는데, 약 5만 년 전에 떨어진 큰 암석덩어리에 의해 파인 것이다. 1969년에는 멕시코의 푸에블리토데아옌데 근처에 무게 2000 kg의 운석이 떨어졌다. 과학자들은 이 운석(아옌데 운석)으로부터 초기 태양계에 관한 많은 정보를 얻을 수 있었다. 이 운석에는 특별한 형태의 마그네슘이 들어 있었는데, 그것은 폭발한 거대한 별의 내부에서만 만들어질 수 있는 종류였다. 따라서, 그 마그네슘은 성간 공간을 가로질러 날아오다가 아옌데 운석 속에 포함된 것이 분명하다. 따라서, 일종의 행성간 화석인 이 운석 속에 태양계의 생성을 촉발시켰을지도 모르는 사건에 대한 증거가 담겨 있는 것이다.

유성체와 소행성의 구별은 단지 크기의 차이에 지나지 않는다. 둘 다 똑같은 물질로 만들어졌고, 똑같은 과정에서 태어났다. 소행성은 더 크기 때문에 더 적게 존재하고, 행성에 충돌할 경우 더 위험하다. 만약 도시에 떨어진다면 큰 재앙을 가져올 수 있는 큰 소행성이 100년에 한두 차례 지구에 충돌한다. 그리고 다른 행성과 마찬가지로, 지구도 약 50만 년에 한 차례씩 그것보다 훨씬 규모가 큰 충돌을 겪는다. 이것은 지구가 아직도 지구 및 다른 행성의 진화를 빚어낸 그 역동적인 환경 속에서 진화를 계속하고 있음을 말해 준다.

태양계의 바깥 영역

태양계의 바깥 영역

개개의 혜성이나 운석은 한때 서로 아무 관계가 없는 별개의
사건으로 여겨졌지만, 19세기 초에 이르러 천문학자들은 이것들을
각자 나름의 기원과 진화의 역사를 지닌 천체 집단으로 보기 시작했다.
태양계 안쪽 영역에서는 창조 과정에서 남은 파편들 중 일부가
정해진 지역 내에 갇혔지만, 어떤 것들은 행성들 사이에서 아주 긴
타원 궤도를 그리며 움직였다. 태양계 바깥의 먼 곳에는
수십억 개 이상의 잠재적인 혜성이 보이지 않게 태양 주위를
무리처럼 에워싸고 있다. 이 곳은 두 영역으로 나누어져 있다.
안쪽 영역은 수십 년 내지 수백 년의 주기로 궤도를 도는
혜성들이 모여 띠를 이루고 있고, 아주 멀리 떨어진 바깥쪽 영역에
존재하는 혜성들은 태양 주위를 한 바퀴 도는 데 수백만 년이 걸리기도 한다.
이론이 발전하고 증거들이 쌓이면서 태양계는 초기 천문학자들이 생각하던
것보다 훨씬 광대하고 복잡한 장소로 변했다.

◀◀ 지난 세기에 태양계 바깥 영역에서 찾아온 가장 인상적인 손님은
헤일-봅 혜성이었다. 헤일-봅 혜성은 1997년에 밤 하늘을 밝게 빛냈다.

소행성대의 발견

태양계의 지도를 살펴보면, 행성들이 크게 안쪽의 작은 행성들과 바깥쪽의 큰 행성들의 두 집단으로 나누어져 있다는 것을 알 수 있다. 그런데 그 사이에는 이상하게 보일 만큼 넓은 간격이 존재한다. 17세기 초에 행성들의 거리를 계산한 요하네스 케플러(Johannes Kepler)가 주장했듯이, 그 사이에는 행성 하나가 빠져 있는 것처럼 보인다. 케플러는 "나는 화성과 목성 사이에 행성 하나를 집어넣는다."라고 썼다.

그로부터 1세기 후, 독일의 무명 천문학자 요한 티티우스(Johann Titius)는 화성과 목성 사이에 행성이 존재할 것이라는 케플러의 예측에 착안하여, 잃어버린 행성의 위치를 알려 주는 수학적 규칙을 만들어 냈다. 1772년, 베를린 천문대장 요한 보데(Johann Bode)는 티티우스의 규칙을 널리 알렸는데, 그 때문에 이 규칙은 '보데의 법칙'으로 알려지게 되었다. 1781년에 천왕성이 새로 발견되자, 그 법칙은 실제로 완전하게 들어맞는 것처럼 보였다. 그러나 1846년에 발견된 해왕성은 그 법칙에서 어긋나는 것이었다. 이제 보데의 법칙은 설 자리를 잃은 것처럼 보였다. 그럼에도 불구하고, 보데의 법칙은 거의 1세기 동안 일종의 과학적 신조처럼 받들어졌다. 그리고 그 법칙을 증명하려는 시도로부터 예기치도 못하던 놀라운 사실이 밝혀졌다.

잃어버린 행성을 찾아서

18세기 말, 독일의 유명한 천문학자 요한 슈뢰터(Johann Schröter)는 보데의 법칙에 매료되어 잃어버린 행성을 찾는 작업에 몰두했다. 달의 관측으로 유명해진 그는 릴리엔탈에 있는 천문대에서 일하고 있었다. 1800년, 슈뢰터는 동료

대부분의 소행성은 화성과 목성 사이에 있는 소행성대(이것은 실제로는 십여 개의 더 작은 띠로 이루어져 있다)에서 태양 주위의 궤도를 돌고 있다. 그러나 소행성대 밖에 존재하는 소행성도 많이 있다. 트로이군이라는 두 집단은 각각 목성의 앞과 뒤에서 목성과 같은 궤도를 돌고 있다.

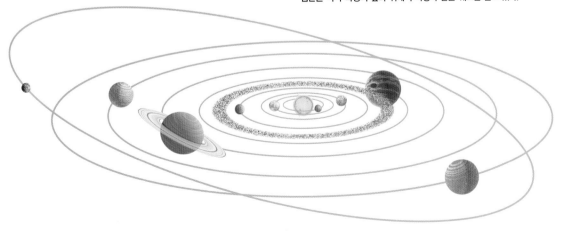

에 선수를 친 사람이 있었다. 시칠리아의 팔레르모에서 주세페 피아치(Giuseppe Piazzi)라는 이탈리아 천문학자가 별들의 목록을 작성하고 있었는데, 1801년 1월 1일에 그는 황소자리에서 별처럼 보이는 천체가 움직이는 것을 발견했다. 피아치는 그것을 6주일 동안이나 추적했고, 그것을 행성이 아니라 꼬리가 없는 혜성이라고 결론내렸다(그는 하늘의 경찰에게 보낸 편지에서 그렇게 설명했다). 그런데 그의 편지가 도착할 무렵, 그 움직이는 작은 천체는 사라지고 없었다.

다행히도, 그의 기록은 아주 자세한 것이었다. 독일의 위대한 수학자 카를 가우스(Karl Gauss)가 그 기록으로 그 천체의 궤도를 계산하여 그 위치를 예측했다. 그 계산은 아주 정확하여, 하늘의 경찰 중 한 사람인 하인리히 올베르스(Heinrich Olbers)가 약 1년 뒤에 가우스가 예측한 위치에서 그 천체를 다시 발견했다. 그 천체는 혜성이 아니라 새로운 행성이었으며, 화성과 목성 사이에 비어 있는 바로 그 위치에 존재했다. 그 행성에는 시칠리아의 수호 여신의 이름을 따서 세레스라는 이름이 붙여졌다.

행성이 되지 못한 파편들

그러나 뭔가 이상한 점이 있었다. 세레스는 너무 작아서(지름이 겨우 940 km) 행성이라고 부르기도 어려웠다. 그렇다면 진짜 행성이라고 부를 만한 '다른' 행성이 존재하는 것은 아닐까? 그래서 잃어버린 행성을 찾는 작업은 계속되었는데, 1802년 3월에 올베르스는 움직이는 천체

천문학자 다섯 명을 끌어들여 본격적인 탐사 작업에 착수했다. 그들은 협회를 만들고, 새로운 회원들을 받아들였는데(총 회원은 모두 24명), 그들에게는 '하늘의 경찰'이라는 별명이 붙었다. 각 회원은 하늘에서 서로 다른 부분을 조사하고, 황도대의 모든 별을 확인하면서 알려지지 않은 어떤 천체가 나타나는지 관찰하기로 약속했다.

그러나 하늘의 경찰이 어떤 성과를 얻기도 전

◀ 수학의 천재인 가우스는 세레스의 궤도를 정확하게 계산했다. 그의 계산 덕분에 세레스가 소행성 중에서 최초로 발견되었다.

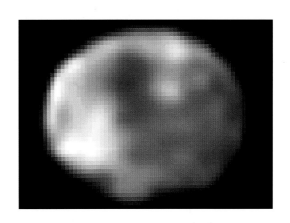

▶ 네 번째로 발견된 소행성 베스타는 지름이 약 510 km로, 소행성 중에서 셋째로 크다.

를 또 하나 발견했다. 그 천체에는 팔라스(Pallas)라는 이름이 붙여졌다. 브레멘의 자기 집 옥상에 천문대를 만들어 관측하던 아마추어 천문가 올베르스는 이 두 '작은 행성'은 큰 행성에서 쪼개진 파편일지도 모른다고 제안했다. 만약 그렇다면, 그런 파편은 더 많이 존재할 것이다.

실제로 1804년에 슈뢰터의 조수이던 카를 하딩(Karl Harding)이 세 번째 소행성(주노)을 발견했고, 올베르스가 네 번째 소행성(베스타, 1807

년)을 발견했다. 하늘의 경찰은 하나의 큰 행성 대신에 작은 행성들의 집단을 발견했다. 이 천체들에 '소행성(asteroid: 영어의 원뜻은 '별처럼 생긴 물체')' 이란 이름을 붙여 준 사람은 영국의 천문학자 윌리엄 허셜(William Herschel)이었다.

그게 전부였을까? 하늘의 경찰은 수색 작업을 계속했지만 별다른 성과를 거두지 못하고, 결국 1857년에 모든 소행성을 다 발견했다고 믿고서 해산했다. 1830년에 또 다른 아마추어 천문가 카

 보데의 법칙

요한 티티우스의 '법칙'은 화성과 목성 사이에 다른 행성이 존재한다고 예측한다. 요한 보데(오른쪽)가 널리 알린 이 법칙의 원리는 다음과 같다. 0, 3, 6, 12…로 시작하여 계속 두 배씩 증가하는 수열을 적는다. 그리고 각 수에다 4를 더한다. 그러면 수열은 다음과 같이 된다. 4, 7, 10, 16…. 이 수들은 수성부터 시작하여 알려져 있는 행성들의 상대 거리를 아주 정확하게 나타낸다. 그런데 화성(16)과 목성(60) 사이에 있는 28에 해당하는 자리에는 행성이 존재하지 않는다. 이것을 근거로 티티우스와 보데는 이 곳에 발견되지 않은 행성이 존재할 것이라고 예측하였다. 나중에 밝혀졌듯이, 이 자리에는 하나의 큰 행성이 아니라, 수만 개의 소행성이 존재하고 있다.

를 헹케(Karl Hencke)가 소행성 수색 작업을 계속하여 15년 뒤에 소행성 두 개를 더 발견했다. 그 후, 기술의 발전에 힘입어 새로운 소행성이 잇따라 발견되었다. 1850년까지 6개가 더 발견되었고, 19세기 말까지 432개가 발견되었다. 그 중 92개는 프랑스의 천문학자 오귀스트 샤를루아(Auguste Charlois) 혼자서 발견했다.

미국의 천문학자 다니엘 커크우드(Daniel Kirkwood)는 소행성의 분포에서 이상한 점을 발견했다. 소행성들은 단지 잃어버린 행성의 궤도를 따라 돌기만 하는 것이 아니었다. 소행성들의 궤도는 여러 개의 띠를 이루고 있었으며, 그 사이에는 틈이 존재했다. 이것은 목성의 중력이 소행성들을 태양에서 일정한 거리에 늘어서게 만들면서, 어떤 거리의 궤도에는 소행성을 존재하지

▲ 목성의 위성인 이오에서 바라본 소행성대의 상상도. 소행성대에 존재하는 커크우드 간극이 선명하게 보인다.

▶ 가장 큰 소행성은 지름이 약 940km인데, 지금까지 가까이에서 촬영한 적은 없다. 이 그림은 컴퓨터로 만든 것이다.

못하게 하기 때문이다. 이 텅 빈 틈들은 발견자의 이름을 따서 '커크우드 간극'이라 부른다.

현재 정식 이름이 붙여진 소행성은 약 1만 개가 있고, 숫자가 붙은 소행성은 수만 개나 되며, 매년 그 수는 수천 개씩 늘어나고 있다. 오늘날 소행성은 하늘의 경찰이 생각했던 것처럼 부서진 행성의 잔해가 아니라, 거대 행성 목성의 중력 때문에 행성으로 성장하지 못한 파편들이라는 사실이 밝혀졌다.

오늘날의 소행성

얼마 전까지만 해도 가장 큰 소행성조차 천문학자들에게는 수수께끼의 아주 작은 점에 지나지 않았다. 그러나 지금은 여러 종류의 망원경과 우주 탐사선 덕분에 소행성에 대해 많은 것을 알게 되었다.

가장 큰 세레스는 소행성대의 한가운데 부분에 위치하면서 일종의 전초 기지 역할을 한다. 지구에 더 가까이 위치한 소행성들은 더 밝은 빛을 띠고 지구의 암석을 닮은 반면, 더 차갑고 먼 곳에 있는 소행성들은 어두운 색을 띠고 있는데, 이는 검댕 같은 탄소 화합물로 덮여 있기 때문이다. 세레스도 이러한 탄소질 소행성이며, 그 구성

광물들 사이에는 물 분자도 상당량 포함돼 있다. 세레스는 한때 작은 암석 파편들을 끌어들이면서 행성으로 자라다가, 목성의 간섭으로 중단된 것이 분명하다. 세레스 표면에 착륙하는 우주인은(아마도 광물이나 물의 보급을 위해), SF 영화에서 흔히 묘사되는 것처럼, 원시 행성의 파편이 마구 날아다니는 광경을 보지 못할 것이다. 소행성에 착륙한 우주인은 몇 달에 한 번씩 다른 소행성이 하늘을 가로질러 가는 것을 보게 되겠지만, 그것은 그저 별처럼 밝은 빛에 불과할 것이다. 다른 소행성이 세레스에 충돌하는 것을 보려면 많은 세대가 흘러야 할 것이다.

최근의 발견

1990년대에 두 우주 탐사선이 4개의 소행성을 조사하고, 그 다음 10년 동안에 여러 차례 소행성을 가까이서 관측하면서 소행성 연구는 새로운 전기를 맞게 되었다. 처음으로 그 표면 사진을 얻은 것은 모나고 볼품없이 생긴 가스파라(Gaspara)로, 1991년에 갈릴레오호가 목성으로 가던 도중에 그 모습을 촬영하였다. 길이가 19 km인 가스파라는 그 크기가 에베레스트산과 비슷하다. 새로 발견되는 천체들은 항상 천문학자들을 깜짝 놀라게 하는데, 가스파라는 표면에 생긴 크레이터의 크기가 모두 작다는 사실이 관심을 끌었다. 이것은 가스파라가 비교적 최근에 생긴 소행성이거나 더 큰 천체에서 쪼개져 나온 것임을 말해 준다. 갈릴레오호가 그 다음으로 촬영한 놀라운 소행성은 이다(Ida)로, 이다는 작은 위성

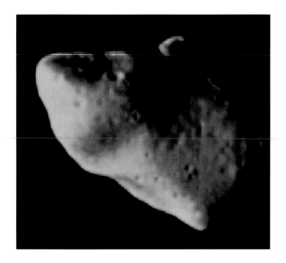

▲ 이빨처럼 생긴 길이 18 km의 가스파라는
우주 탐사선이 지나가면서 촬영한(1991년에 갈릴레오호가)
최초의 소행성이다.

▼ 이다는 위성을 거느리고 있는 소행성으로서는
최초로 발견된 것이다. 사진의 오른쪽에 조그맣게
보이는 것이 그 위성 닥틸이다.

닥틸(Dactyl)을 거느리고 있을 뿐만 아니라, 그 표면에는 호박돌들이 널려 있었다. 이 사실은 소행성이 작은 암석덩어리들이 모여서 이루어진 것이라는 우주지질학자(다른 천체의 지질학을 연구하는 과학자)들의 생각을 뒷받침해 준다.

우주 탐사선 NEAR(지구 근접 소행성 탐사)호는 1997년에 마틸드(Mathilde)를 지나면서 가스파라와는 아주 다른 모습을 보여 주었다. 폭이 약 60 km인 마틸드에는 큰 크레이터가 4개 나 있었고, 마틸드는 마치 반쪽짜리 천체처럼 보였다.

그 다음에 NEAR호는 에로스(Eros)를 조사했는데, 에로스는 지구에 접근하는 소행성 중 하나였기 때문에 조사 대상으로 선정되었다(지구에 더 직접적인 위협을 가하는 종류도 있다). 소행성 중 최초로 남자 이름이 붙은 에로스는 19세기

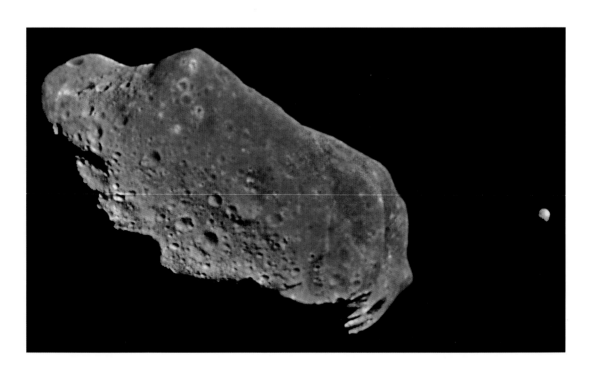

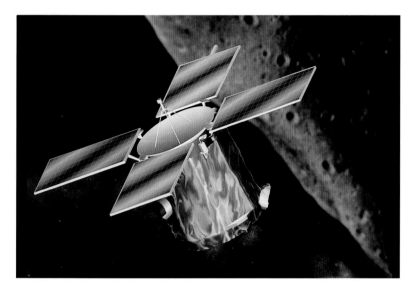

길이가 33 km인 에로스 주위를
돌고 있는 탐사선 NEAR호를
묘사한 그림. 2000년 10월에
NEAR 호는 에로스 상공
6 km까지 접근했다.

최고의 소행성 사냥꾼인 베를린의 구스타프 비트(Gustav Witt)와 프랑스 니스의 오귀스트 샤를루아가 거의 동시에 발견했다. 에로스는 지구에 비교적 바짝 다가오는 소행성으로 천문학자들의 큰 관심을 끌었는데, 그 질량과 궤도로부터 지구와 달의 관계에 대해 더 자세한 정보를 얻을 수 있었기 때문이다. 길이가 33 km에 불과한 에로스는 중력이 매우 약하지만(지구에서 45 kg의 무게가 나가는 물체는 에로스에서는 겨우 28 g밖에 나가지 않는다), NEAR호를 붙들어 그 주위를 느리게 돌게 하기에는 충분했다. 1년쯤 지나 NEAR 호의 연료가 바닥나자, NASA는 2001년 2월 12일에 NEAR 호를 에로스에 충돌하게 했다. 그 때까지 NEAR 호는 크고 작은 크레이터, 산마루, 다양한 색의 작은 평원 등 놀라운 사진들을 보내 왔다. 이것은 우주과학의 새로운 분야인 소행성 지질학에 매우 소중한 자료를 제공했다.

이중적인 성격을 지닌 천체

태양계 생성의 잔해는 단지 소행성대에만 남아 있는 것이 아니다. 어떤 것은 아주 길쭉한 궤도를 그리며 목성 바깥까지 뻗어 있다. 불규칙한 궤도를 가진 것 중 최초로 발견된 한 소행성의 이야기는 이 천체들을 분류하는 것이 쉽지 않다는 교훈을 준다.

1997년, 천문학자 찰스 코월(Charles Kowal)은 토성과 천왕성 사이에서 궤도를 돌고 있는 천체를 발견했다. 처음에 코월은 그것을 혜성이라고 생각했지만, 꼬리가 발견되지 않자 소행성으로 분류했다. 그 이중적인 성격 때문에 코월은 이 소행성에 키론(Chiron)이라는 이름을 붙여 주었다(키론은 그리스 신화에 나오는 반인반마의 괴물 켄타우로스 중 하나이다). 키론은 지름이 약 200 km로, 소행성 치고는 상당히 큰 편이었다. 그러고 나서 11년이 지나갔다. 그 때, 태양에 더

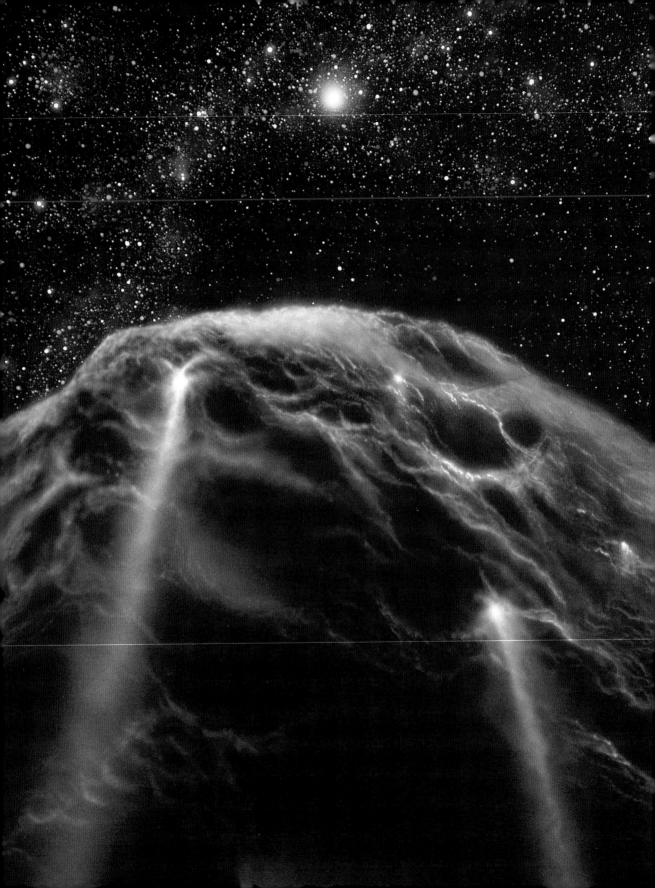

가까워진 키론은 갑자기 밝기가 두 배로 밝아지더니, 주위에 먼지와 기체 물질로 이루어진 흐릿한 코마(coma)가 발달하기 시작했다. 중간 크기의 소행성이던 키론은 아주 큰 혜성으로 변했다가 다시 깊은 우주 공간 속으로 멀어져 갔다. 불안정한 궤도를 가진 키론은 언젠가 다시 지구에 접근하면서 역사상 가장 밝은 혜성으로 나타날지도 모른다.

키론은 거대 기체 행성의 영역에서 타원 궤도를 그리며 도는 천체군 중 하나임이 밝혀졌다. 이 천체들은 모두 7개가 알려져 있는데, 그 중 둘에는 켄타우로스의 이름에서 딴 폴루스(Pholus)와 네수스(Nessus)라는 이름이 붙여졌다.

이중적인 성격을 지닌 또 다른 천체는 슈바스만-바흐만 혜성이다. 1908년에 두 독일인이 발견한 이 혜성은 잘 보이지 않아 일반인에게는 잘 알려져 있지 않지만, 천문학자들에게는 아주 흥미로운 대상이다. 이 혜성은 특이하게도 원 궤도를 도는 단주기 혜성으로, 목성과 거의 같은 궤도로 15년마다 태양 주위를 한 바퀴 돈다. 태양에 더 이상 가까이 다가오지 않기 때문에, 이 혜성은 대부분의 시간은 혜성이라기보다는 소행성처럼 행동한다. 그러나 슈바스만-바흐만 혜성은 거의 매년 한 차례씩 분출하면서 기체와 파편 구름을 뿌리면서 밝기가 약 300배까지 증가한다. 기이하게도 그 꼬리는 나선형으로 뻗어 나가는데, 지름 약 40 km의 그 핵이 자전하면서 마치 스프링 클러에서 물이 뿜어 나가듯이 물질을 방출하고 있기 때문이다.

이 혜성은 아마도 진짜 혜성이 되기 직전의 상태에 있는 것인지도 모른다. 아직 아무도 정확하게 설명하지는 못하지만, 다음과 같은 과정이 일어나는 것으로 짐작된다. 속에 들어 있던 기체들이 빠져 나가면서 구멍이 많이 생긴 어두운 암석 표면을 상상해 보라. 길가에 쌓인 눈더미가 봄날의 따뜻한 햇살에 녹는 것처럼, 그 표면에는 껍질이 생겨 내부의 기체를 가두게 된다. 그러다가 내부의 압력이 높아지면, 그 기체는 마치 화산처럼 표면을 뚫고 분출한다. 기체를 충분히 내보낸 핵은 다시 이전의 상태로 돌아가 다음의 폭발이 일어날 때까지 잠잠해진다. 언젠가 슈바스만-바흐만 혜성에 대해 더 많은 것이 밝혀지면, 혜성도 켄타우로스형 천체로 분류될지도 모른다.

◀ 혜성인가, 소행성인가, 아니면 작은 행성인가? 천왕성과 토성 사이의 궤도에서 태양 주위를 51년마다 한 바퀴씩 돌고 있는 키론은 이 세 종류의 성격을 모두 지닌 것처럼 보인다. 이 상상도에서 묘사한 것처럼, 태양에 접근할 때에는 태양 열을 받아 혜성처럼 기체 물질을 내뿜으며 밝아지기 시작한다. 그리고 멀어져 갈 때에는 식으면서 어두워진다.

지구에서 가장 먼 곳에서 발견된 태양계 내의 천체는 소행성 1996TL66이다. 그 궤도는 무려 200억 km 밖에까지 뻗어 있다.

태양계의 가장자리

40여 년 전 우주 시대가 개막될 무렵만 해도 명왕성은 태양계에서 가장 바깥에 있는 천체로 생각되었다. 명왕성은 아주 멀리 떨어져 있는 것처럼 보였다(태양과 지구 사이의 거리보다 40배나 먼 곳에. 빛의 속도로 달려도 5시간이나 걸린다). 그렇게 먼 거리 너머에는 다른 천체가 존재할 것 같지 않았고, 설사 존재한다고 해도 미미한 천체에 불과할 것으로 생각되었다. 그러나 최근의 발견과 이론에 따르면, 태양계 전체를 하나의 도시로 볼 때 행성의 영역은 가장 안쪽에 위치한 좁은 중심부에 불과하다. 최근에 나온 모형에 따르면, 그 밖에도 두 개의 영역이 존재하는데, 하나는 태양과 명왕성 간 거리의 두 배에 이르는 지점에 있고, 또 하나는 태양과 명왕성 간 거리의 5000배에 이르는 엄청나게 먼 지점에 있다.

카이퍼대

첫 번째 영역은 단주기 혜성들의 고향이다. 얼음덩어리 천체들이 존재하는 이 띠 모양의 영역은 1951년에 그 존재를 주장한 네덜란드 출신의 미국 천문학자 제러드 카이퍼(Gerard Kuiper)의 이름을 따 카이퍼대(Kuiper belt)라 부른다. 그 후, 에스파냐의 국립 천문대에서 일하던 훌리오 페르난데스(Julio Fernandez)가 대부분의 단주기 혜성은 행성들과 똑같은 평면에서 궤도를 돌고 있다는 사실을 지적했다. 따라서, 이 혜성들 역시 행성들이 태어난 먼지와 가스 원반의 바깥쪽

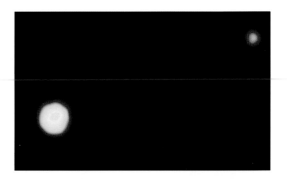

▲ 위성 카론을 거느리고 있는 명왕성의 모습. 명왕성은 한때 태양계에서 가장 바깥에 존재하는 천체로 여겨졌다.

▲ 1983년, IRAS 호는 다른 별 주위에서 카이퍼대를 발견하였다.

에서 태어났다고 주장하자, 카이퍼대가 존재한다는 생각은 더욱 설득력을 얻게 되었다. 그래도 카이퍼대의 존재는 가설로 남아 있었다. 그러다가 1980년대 중반에 미국의 적외선 관측 위성 (IRAS)이 이젤자리에 있는 한 별의 주위에 그와 같은 띠가 있는 사진을 찍었다. 또, 1992년에 하와이 대학의 데이비드 주잇(David Jewitt)과 제인 루(Jane Luu)가 지름 약 320 km의 작은 천체

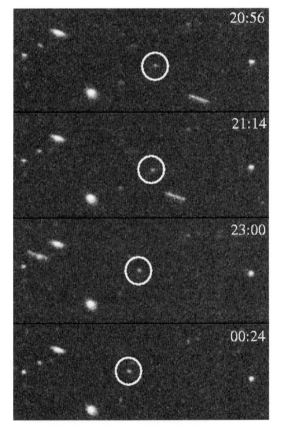

1992년, 희미한 점(동그라미 속에 든 것)이 하늘을 천천히 가로질러 가는 것이 관측되었는데, 이것은 명왕성 너머에서 발견된 최초의 태양계 천체였다.
QB₁은 최초의 해왕성 너머의 천체로 기록되었다.

가 해왕성 너머의 궤도를 돌고 있는 것을 발견했다. 이것은 최초로 발견된 카이퍼대 천체였다.

궤도의 이심률이 큰 명왕성은 그 당시 20년 동안은 해왕성보다 안쪽 궤도를 도는 시기에 있었다(1999년 3월부터는 다시 명왕성이 가장 먼 행성이 되었다). 이 때문에 1992년에 발견되어 QB₁으로 명명된 그 천체는 '명왕성 너머의 천체'가 아니라 '해왕성 너머의 천체'로 불렸다(QB₁은 명왕성의 궤도 바로 바깥에 위치하고, 몇 년 안에 명왕성은 그것보다 더 멀어질 것이기 때문에, 이것은 현명한 결정으로 보인다). 사실, 명왕성 자체도 카이퍼대 천체나 해왕성 너머의 천체로 분류할 수 있다. 그런데 일부 천문학자들은 이 천체들을 뭉뚱그려 '명왕성형 천체'라고 불러 용어의 혼란을 더하고 있다.

해왕성 너머의 천체들은 잇따라 발견되었다. 1993년에는 5개가 발견되었고, 매년 점점 더 많이 발견되고 있다. 이 글을 쓰고 있는 현재 모두 343개가 발견되었으며, 매일 그 명단이 갱신되고 있다. 이제 카이퍼대의 존재는 분명하게 밝혀졌다.

천문학자들은 이러한 혜성-소행성이 최고 70억 개가 있을 것으로 추정하고 있는데, 그 중 7만여 개는 지름이 최고 765 km에 이르는 미행성체이고, 지름 10~20 km인 것은 2억여 개, 그리고 그 나머지는 지름이 1.6 km 미만일 것으로 추정한다. 이 중 어느 것이라도 궤도에서 이탈하여 진짜 혜성으로 활동을 시작할 수 있다. 카이퍼대에 존재하는 천체들은 그 질량을 모두 합치더라도 지구의 몇 퍼센트에 불과할 것이다. 그 중 큰 천

체들은 서로 약 1억 6200만 km(태양과 지구 사이의 거리와 비슷한)만큼 떨어져 있을 것이라고 천문학자들은 추정한다.

오르트운

잠재적인 혜성들이 모여 있는 두 번째 장소는 태양 주위를 한 바퀴 도는 데 최소 200년에서 100만 년 이상 걸리는 장주기 혜성들의 고향이다. 이 곳에 존재하는 혜성 구름을 네덜란드의 천문학자 얀 오르트(Jan Oort)의 이름을 따 오르트운이라 부른다. 오르트는 1940년대에 장주기 혜성 19개의 궤도를 연구한 끝에 오르트운이 존재한다고 주장했다.

태양과 지구 간 거리의 6000배에서 20만 배 사이의 지역에 분포하고 있는 이 구름에는 최소 1900억 개, 최대 10조 개의 잠재 혜성이 존재하는 것으로 추정된다. 이렇게 엄청난 수에도 불구하고, 전체 물질의 양은 비교적 미미한 편이다. 전체 구름의 질량은 지구의 40배, 또는 목성의 $\frac{1}{10}$ 정도로 추정되며, 이 물질들이 그 광대한 지역에 희박하게 퍼져 있다.

오르트운은 광범위한 공간에서 벌어진 복잡한 3차원 당구 게임의 결과로 생겨났다. 어린 태양계는 수많은 혜성들로 가득 차 있었는데, 그것들은 점차 태양이나 행성에 끌려 들어가거나, 중력의 작용으로 완전히 태양계 밖으로 내던져지거나, 혜성의 무덤이라고 할 수 있는 오르트운의 영역으로 밀려났다. 이 구름은 태양계 중심에서 임의적으로 방출된 혜성들로 이루어졌기 때문에,

태양계에 가장 가까운
이웃에서 본 오르트운의 상상도.
휴면 혜성들로 이루어진 태양의
무리(halo)는 3중성인
센타우루스자리 알파별까지
뻗어 있다. 실제로는 이 구름은
맨눈으로는 보이지 않는다.

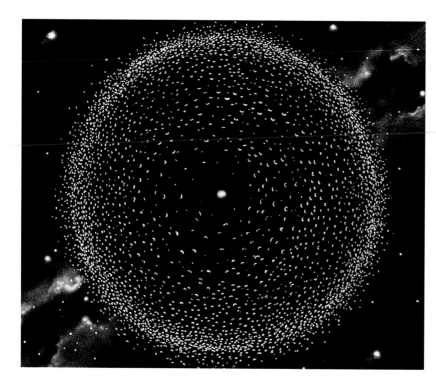

◀ 오르트운의 수많은 휴면 혜성들이 태양 주위를 돌고 있는 상상도. 배경에 은하수가 보인다.

◀◀ 네메시스(Nemesis, 오른쪽 작은 별)는 태양과 짝을 이루고 있다는 가상의 별이다. 네메시스는 지구상에서 일정한 간격으로 대절멸이 일어난 것을 설명하기 위해 만들어 낸 가설에 등장한다. 아주 길쭉한 타원 궤도를 돌고 있는 이 희미한 '죽은 별'은 3000만 년마다 태양계에 가까이 접근해 오르트운을 동요시켜, 수많은 혜성들을 출발시킴으로써 지구에 파괴적인 영향을 미친다고 한다.

혜성들은 모든 방향에 흩어져 있다. 오르트운은 카이퍼대와는 달리, 태양계를 민들레 홀씨처럼 에워싸고 있는 3차원 무리(halo)를 형성하면서 가장 가까운 별의 중간 지점(약 2광년)까지 뻗어 있다.

오르트는 이렇게 먼 거리에서 잠자고 있는 혜성들은 아주 미약한 중력에 의해 태양에 붙들려 있기 때문에, 외부에서 약간의 영향만 받더라도 쉽게 궤도에서 벗어날 수 있다고 주장했다. 그러나 무엇이 그러한 영향을 미칠까?

한 가지 가능성은 다른 별이다. 별들은 서로 멀리 떨어져 있고, 충돌하는 경우가 극히 드물다. 그러나 2억 년에 걸쳐 은하 중심 주위를 한

바퀴 도는 동안에 별들의 위치는 조금씩 변하게 된다. 100만 년마다 십여 개의 별이 태양에 비교적 가까운 거리를 지나간다. 지구에 직접 영향을 미칠 만큼 가까운 곳을 지나가진 않지만, 오르트운에 영향을 끼칠 수는 있다. 오르트 자신의 표현을 빌리면, 오르트운은 "별들의 섭동(한 천체의 중력이 다른 천체의 움직임에 변화를 일으키는 현상)이 갈퀴처럼 부드럽게 긁고 지나가는 정원"이다.

이 시나리오에는 또 다른 가능성이 추가되었다. 만약 다른 별에도 오르트운이 있다면(다른 별은 고사하고, 아직 태양계의 오르트운조차 직접 관측된 적은 없다), 두 별이 접근할 때 두 구름이 서로 섞일 가능성도 있다. 궤도의 불안정을 초래할

수 있는 있는 세 번째 요소는 은하 중심에서 끌어 당기는 중력의 힘이다. 이 힘은 지름 4광년에 걸쳐 퍼져 있는 구름의 각 장소에 따라 약간 차이가 날 것이다. 마지막으로, 아주 드물긴 하지만 3억 ~5억 년에 한 번씩 태양은 별을 만들어 내는 재료 물질인 '거대 분자운'을 지나간다.

이러한 요소들은 서로 결합되거나 또는 단독으로 오르트운의 수많은 천체에 영향을 미쳐 궤도를 변화시킬 수 있다. 그 결과, 몇 년에 하나가 아니라, 며칠 만에 하나씩 새로운 혜성을 태양계 안쪽으로 보내게 된다. 약 10만 년마다 혜성 관찰자들은 십여 개의 혜성이 동시에 다가오는 것을 보게 될 것이다.

헤일-봅 혜성

오르트운은 여전히 보이지 않을지 모르지만, 천문학자들은 최근에 이 먼 지역에서 날아온 사자를 보았다. 1995년 7월의 어느 맑은 날 밤, 앨런 헤일(Alan Hale)은 미국 뉴멕시코 주에 있는 자기 집에서 M70이라는 성단을 관측하고 있었는데, 그 곳에 있을 리가 없는 희미한 점을 보았다. 애리조나 주의 피닉스 근처에서 아마추어 천문가 톰 봅(Tom Bobb)도 비슷한 시간에 같은 성단을 관측하다가 똑같은 천체를 발견하였다. 두 사람은 우연히 혜성을 발견했다는 사실을 깨달았다. 두 사람은 동시에 자신이 발견한 것을 보고했고, 그래서 그 혜성에는 두 사람의 이름이 붙여졌다.

2년 뒤, 헤일-봅 혜성은 그 밝기와 아름다움과 특이한 성질 때문에 북반구의 경이로운 천체

 ## 혜성의 영역을 탐사하는 우주 탐사선

1970년대에 발사된 우주 탐사선 네 대는 이제 수백만 개의 혜성들이 궤도를 돌고 있는 태양계 외곽 지역을 여행하고 있다. 일 년에 5억~6억 5000만 km를 날아가는 우주 탐사선은 명왕성과 카이퍼대에 도착하는 데 약 10년이 걸렸다. 그 중에서 파이어니어 11호는 작동이 정지되었다. 파이어니어 11호는 1995년 1월 태양-지구 간 거리의 42배 되는 지점(64억 km 이상)에 다다랐을 때, 기능이 정지되고 말았다. 나머지 세 대(파이어니어 10호, 보이저 1호, 보이저 2호)는 출발한 지 20년이 넘은 지금도 계속 신호를 보내 오고 있다. 태양-지구 간 거리의 55배 이상을 여행한 이 탐사선들은 이제 혜성의 영역에 들어섰다. 혜성들의 중력 때문에 우주 탐사선의 진로에 나타나는 약간의 변화를 보고서 과학자들은 혜성의 수를 계산할 수 있다. 이 탐사선들은 결국에는 수십억 개의 혜성이 가장 가까운 별의 중간 지점까지 뻗어 있는 오르트운을 향해 나아갈 것이다. 보이저호와 파이어니어호가 무사히 살아남아 오르트운 속으로 들어간다면, 그것들은 죽은 물체(인공 소행성)가 되어 그 곳을 배회할 것이다. 그래도 탐사선들은 여전히 여행을 계속하여 약 65,000년 뒤에는 마침내 오르트운을(그와 함께 태양계도) 벗어날 것이다.

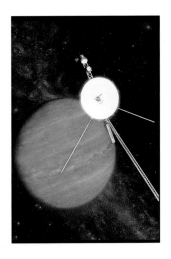

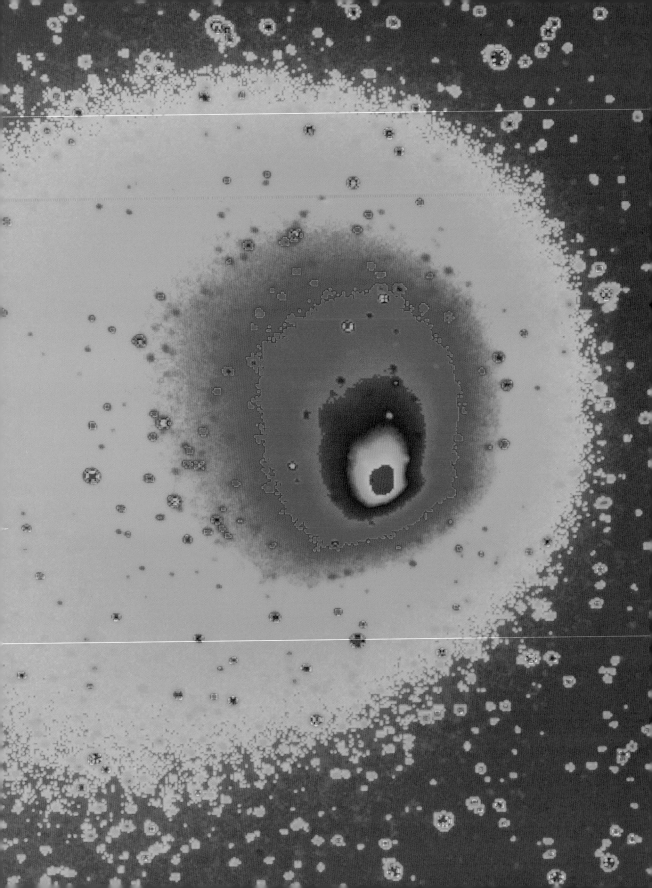

중 하나가 되었다. 그 속도와 궤도로 볼 때, 헤일-봅 혜성은 태양계 바깥의 오르트운에서 왔다는 것을 알 수 있었지만, 이 혜성은 그 곳에서 생겨난 것이 아니었다. 허블 우주 망원경으로 관측한 결과, 헤일-봅 혜성은 많은 양의 물을 방출하고 있었는데(매초 약 9톤이나), 그 방출량은 점점 증가하여 태양을 지나갈 무렵에는 초당 1000톤의 먼지와 130톤의 물을 방출하였다. 혜성으로서는 아주 큰 크기(지름 40~80 km) 때문에 그렇게 많은 양의 물질을 방출할 수 있었다. 방출되는 물질에는 네온이 전혀 포함되어 있지 않았는데, 만약 헤일-봅 혜성이 카이퍼대의 차가운 지역에서 생성되었다면 네온이 반드시 포함되어 있어야 한다. 헤일-봅 혜성은 태양계에서 비교적 따뜻한 지역, 아마도 거대 기체 행성의 영역에서 초기에 만들어졌을 것이다. 그러다가 한 거대 행성의 중력에 끌려 태양계 바깥의 오르트운으로 밀려갔을

것이다. 그리고 거기서 수백만 년 동안 휴면 상태로 떠돌다가 마침내 천천히 태양을 향해 다시 다가서기 시작했다.

그 여행을 하는 데에는 약 2000년이 걸렸다. 헤일-봅 혜성의 궤도를 분석한 결과는 이 혜성이 4200년 전에도 태양을 방문했음을 시사한다. 헤일-봅 혜성은 목성에 접근하면서 비로소 진짜 혜성으로서 짧은 삶을 불태우다가 다시 얼어붙은 어둠 속으로 사라져 갔다.

▲ 헤일-봅 혜성은 처음에 지구에서 볼 때 흐릿한 얼룩 모양으로 나타났다.

▶ 1997년에 여러 달 동안 헤일-봅 혜성의 코마와 꼬리는 북반구의 하늘을 밝히며 사람들의 시선을 끌었다.

◀ 헤일-봅 혜성은 하늘에서 가장 극적인 모습을 보여 준 혜성으로, 많은 사람들은 살아 있는 동안 이 혜성을 또 한 번 볼 수 있을 것이다. 1995년에 목성의 궤도에 접근하면서 진짜 혜성으로 태어난 헤일-봅 혜성은 복잡한 코마를 발달시켰다.

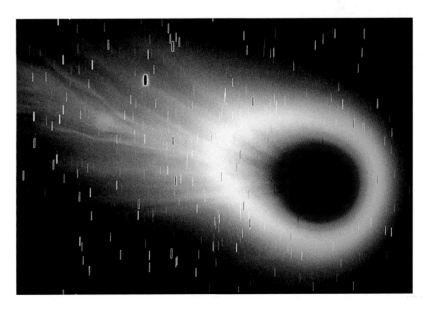

신화가 현실로

신화가 현실로

옛 사람들은 하늘의 별을 바라보며 앞날의 징조를 찾으려고 했다.
그 중에서도 가장 불가사의하고 예기치 못하게 나타나는 혜성은
특히 불길한 징조로 생각되었다. 17세기에 들어서야 미신과 편견이 과학에
밀려나면서 비로소 혜성도 합리적으로 이해할 수 있는 대상이 되었다.
최고의 영예는 가장 유명한 혜성인 핼리 혜성에게 돌아갔다.
핼리 혜성의 이름은 그 궤도를 계산하고, 그 다음에 다시 돌아올 시기를
예측한 사람의 이름에서 딴 것이다. 핼리 혜성은 우주 탐사선으로
가까이 접근해서 촬영을 한 유일한 혜성이다. 200년 이상 지상의
관측 연구와 20년이 넘게 우주 탐사선을 이용한 연구를 통해, 이제
온갖 종류의 혜성(밝은 것과 어두운 것, 안정한 것과 불안정한 것,
규칙적으로 돌아오는 것과 일과성인 것)에 대해 많은 사실이 밝혀졌다.
또, 혜성은 소행성이나 유성, 운석과 같은 더 광범위한 가족과
관련이 있음이 밝혀졌다. 모든 혜성의 운명은 덧없이 끝난다.
결국에는 타서 먼지가 되거나, 보이지 않는 암석덩어리로 변하거나,
태양이나 행성에 충돌하여 파국적인 죽음을 맞이하게 된다.

◀◀ 태양을 스치며 지나가는 혜성의 모습. 희박한 기체 물질로 이루어진 꼬리는 태양풍에 날려
태양의 반대편을 향해 휘날리고 있다. 한편, 무거운 입자들은 유성우가 되어 쏟아진다. 이 혜성은
불타 사라지거나 분해되어 산산조각날 것이다. 태양을 스쳐 지나가는 혜성은 살아남기 힘들기 때문이다.

미신이 지배하던 시대

바빌로니아 시대에서 로마 시대에 이르기까지 고대 사람들은 혜성이 불운을 가져다 준다고 믿었다. 재앙을 뜻하는 영어 단어 'disaster'의 라틴어 어원을 살펴보면, '별(aster)에 의해 초래되는 어떤 일'을 뜻한다. 일부 사람들은 혜성은 단지 바람이나 가뭄 또는 혹독한 추위를 예고한다는 아리스토텔레스의 견해를 믿었다. 아리스토텔레스는 혜성은 땅에서 증발된 기운이 대기 상층부로 올라가, 달이 박혀 있는 구(球)의 운동에 의해 불타는 것이라고 설명했다. 혜성이나 바람, 해일, 지진(모두 공포스러운 재앙이지만, 자연 현상인)은 모두 기상학적 원인에서 비롯된다고 그는 설명했다.

어떤 사람들은 혜성과 재앙 사이에는 더 깊고 불길한 관계가 있다고 주장했다. 비록 아리스토텔레스는 혜성이 자연적으로 발생하는 것이라고 주장했지만, 예측할 수 없게 나타나는 것이나 역시 불가해하게 사라지는 것은 혜성이 자연 현상이 아니라 초자연적인 존재라는 인상을 주었다. 1세기에 살았던 시인이자 점성술사인 마닐리우스(Manilius)는 기원전 44년에 살해된 율리우스 카이사르의 죽음과 그에 잇따른 내란, 그리고 전 세계적인 재앙의 시대(끊이지 않는 번개, 일식, 화산 분화, 해일, 홍수와 지진, 괴물의 탄생, 신음 소리를 내는 무덤, 유령의 목소리가 울려 퍼지는 숲) 뒤에는 혜성의 사악한 영향이 있다고 보았다.

혜성이 불길한 징조라는 사실은 아무도 의심

1857년에 그려진 프랑스의 이 그림에서는 혜성의 여신이 파괴를 뿌리고 있다. comet(혜성)의 어원이 된 그리스어 'kometes'는 '긴 머리카락의 (별)'이란 뜻이다.

하지 않았다. 마닐리우스와 같은 시대에 살았던 정치인이자 지식인인 세네카(Seneca)는 혜성은 "앞으로 일어날 어떤 일의 전조이다."라고 말했다. 아우구스투스 황제는 서기 9년과 11년에 나타난 혜성이 예고한다고 생각한 불운을 피하기 위해 예언자들에게 사람의 사망 시기를 계산하는 행위를 금지시켰다. 그러나 그러한 노력도 아

◀ 바이외 태피스트리는 혜성(핼리 혜성)을 보고 겁에 질린 영국인을 묘사하고 있다. 사람들은 이 혜성은 1066년의 헤이스팅스 전투에서 영국 군대가 프랑스군에 참패하는 것을 예고한다고 믿었다.

▶ 티코 브라헤가 자신의 천문대에서 행성의 궤도에 관한 이론을 설명하고 있다. 그가 1577년에 혜성을 엄밀하게 관측한 결과는 혜성이 지구 밖에 존재하는 천체임을 증명해 주었다.

무 소용이 없었다. 붉은 핏빛 혜성이 나타난 후, 그는 14년에 살해되고 말았다. 혜성의 출현은 흉년, 반란, 내전, 왕의 죽음 등을 예고하는 것으로 받아들여졌다. 불운과 하늘의 불안정은 보이지 않는 어떤 원인에 의해 연결돼 있다고 믿었기 때문이다.

신의 분노의 표시

이러한 생각은 그 다음 1600년 동안 계속 지속되었다. 서양의 기독교 사회는 옛 사람들이 가졌던 공포와 믿음을 그대로 물려받았다. 성 아우구스티누스와 같은 시대(5세기)에 살았던 키레네의 시네시우스(Synesius)는 불쾌한 머리카락을 가진 이 사악한 별들은 "대규모의 재앙, 국가의 노예화, 도시의 황폐화, 왕의 죽음, 결코 사소한 것들이 아니라 재앙을 넘어서는 모든 것"을 예고한다고 썼다. 서기 1000년이 다가오던 10세기 말, 프랑스의 일부 지방에서는 귀족들이 땅을 강

탈하면서 시작된 민중의 저항이 혁명에 가까운 소요로 발전하였다. 그 때, 혜성이 나타나자, 요한묵시록의 예언이 실현되는 것이 아닌가 하는 공포가 더욱 깊어졌다. 그 예언은 1000년 전에 예수에 의해 속박된 악마가 풀려 나고, 그 악마를 죽이기 위해 예수가 재림해서 세상의 종말을 가져오는 최후의 전쟁을 펼친다는 것이었다. 결국 혜성이 사라지자 사람들의 공포는 진정되었고, 서기 1000년은 별다른 동요 없이 지나갔다.

그러나 66년 뒤에 나타난 혜성(영국의 수사들과 프랑스의 직조공들이 기록으로 남긴)은 노르만족의 침입을 예고하는 것처럼 보였다. 정복왕 윌리엄의 부인인 마틸다 왕비는 헤이스팅스 전투에서 남편이 승리한 것을 기념하기 위해 태피스트리(벽걸이 융단)를 짜도록 시켰다. 이 유명한 바이외(Bayeux) 태피스트리에는 공포에 질린 영국인들이 하늘을 가리키고, 신하가 해럴드 왕의 귀에다가 불길한 운명을 속삭이고 있고, 유령 같

은 노르만족의 배들이 해럴드 왕의 패배를 예고하는 모습이 묘사돼 있다. 1314년, 프랑스 왕 필리프 4세는 말에서 떨어져 죽었다. 그것은 멧돼지가 말을 향해 돌진해 오는 바람에 일어난 사고였지만, 그의 죽음에 대한 기록에서는 그 '진짜' 원인을 혜성 때문이라고 설명하고 있다.

종교 개혁가 마르틴 루터(Martin Luther)가 일으킨 종교 분쟁으로 유럽이 소용돌이치던 16세기에도 교회 사람들은 전쟁과 페스트, 혁명, 기아의 전조를 혜성에서 찾았다. 마르틴 루터는 "하늘에서 이상한 방식으로 움직이는 것은 하느님의 분노의 표시이다."라고 했다.

혜성 점성술이라는 사이비 과학까지 생겨났다. 덴마크의 위대한 천문학자 티코 브라헤(Tycho Brahe)는 1577년에 나타난 혜성이 처음

에 일몰과 함께 나타났기 때문에, 그것은 덴마크 서부 지역의 재앙을 예고한다고 생각했다. 영국의 점성술사 윌리엄 릴리(William Lilly)는 1678년의 혜성이 황소자리에 나타났으므로, 러시아와 폴란드, 스웨덴, 노르웨이, 시칠리아, 알제리, 로렌, 로마에 영향을 미치겠지만, 다행히도 영국에는 영향을 미치지 않을 것이라고 말했다.

따라서, 혜성은 정치적으로도 중요한 의미를 지녔다. 특히, 영국 내란이 진행되던 격동기(1642~1651)와 1660년의 왕정 복고는 점성술사들의 전성 시대였다. 정치적 견해를 글로 발표하는 사람들은 사건이 일어난 다음에 안 사실을 최대한 활용하여 1664년과 1665년의 혜성은 페스트와 런던 대화재와 영국−네덜란드 전쟁의 전조였으며, 1677년의 혜성은 카톨릭 음모 사건(카톨릭 교도가 찰스 2세를 암살하여 카톨릭교의 부활을 기도하려고 한다는 음모. 티투스 오츠가 날조한 거짓 음모로, 35명의 무고한 사람들이 처형된 사건)의 전조였다고 주장했다. 선동가들이 이끌어 내려고 한 결론은 카톨릭교의 운명은 끝났다는 것이었다.

★ 유성우에 대한 최초의 기록은 기원전 1809년에 중국인이 남긴 것이다. 그 때, 유성들이 "한밤중에 소나기처럼 쏟아졌다."고 기록돼 있다.

과학이 밝힌 혜성의 정체

티코 브라헤는 혜성이 불길한 영향을 미친다는 사실을 믿긴 했지만, 혜성에 관한 과학적 연구의 길을 연 사람이었다. 16세기까지만 해도 과학 이론은 옛날부터 전해 내려오던 믿음에 바탕한 것이었다. 즉, 행성들은 고정된 '구' 위에 실려 움직이며, 그 구들 중에서 가장 바깥쪽에 있는 구에 별들이 박혀 있고, 우주는 완전하고 불변의 존재라고 믿었다. 따라서, 아주 급격한 움직임을 보이는 혜성은 대기에서 일어나는 현상이 분명하다고 생각했다. 개인 재산으로 연구 시설을 갖추고 있던 거만한 귀족인 티코 브라헤는 꼼꼼하게 천문 관측함으로써 그 시대 최고의 관측 천문학자로 인정받았다. 그에게 명성을 가져다 준 결정적인 사건은 1572년에 새로운 별을 발견한 것이

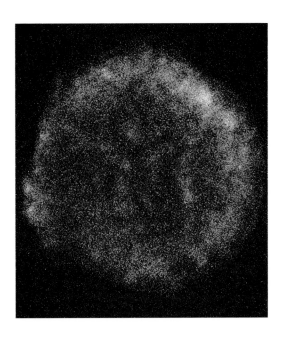

다. 그 별은 오늘날 초신성으로 알려진 별이었다. 티코 브라헤는 그 별이 아리스토텔레스의 주장처럼 대기 현상에서 생긴 것이 아니라, 지구 밖의 아주 먼 곳에 있다는 사실을 증명할 수 있다. 그리고 이를 통해 하늘이 결코 영구불변의 존재가 아님을 보여 주었다.

티코 브라헤는 1577년에 나타난 혜성을 설명할 때에도 비슷한 결론을 내렸다. 그가 그 혜성에 관한 책에서 쓴 것처럼, 그 혜성의 궤도는 최소한 달보다 세 배나 먼 거리에 있었다. 또, 그 혜성은 지구에 접근했다가 다시 멀어져 갔기 때문에 고정된 구 위에서 움직이는 것이 아니었다. 티코 브라헤가 얻은 증거와 그의 주장은 16세기와 17세기에 발전된 새로운 태양계 이론의 일부를 이루었다.

뉴턴의 법칙

그러나 혜성의 본질은 여전히 수수께끼로 남아 있었고, 과학자나 일반인이나 모두 혜성을 여전히 불길한 징조로 여겼다. 좀더 상식적인 새로운 접근 방법은 1682년에 영국의 천문학자 에드먼드 핼리(Edmond Halley)의 연구로 시작되었다. 어릴 때부터 수학과 천문학에 심취했던 핼리는 이미 20대 초반에 별의 목록을 발표하여 유명해졌다. 아버지로부터 큰 재산을 물려받은 핼리는 여유 있게 연구 활동을 할 수 있었는데, 그것은 후세를 위해 무척 다행한 일이었다. 핼리는 아이작 뉴턴(Isaac Newton)에게 중력 이론을 발표하라고 설득했고, 그 결과로 1687년에 나온 기념비적

PHILOSOPHIÆ
NATURALIS
PRINCIPIA
MATHEMATICA.

Autore *JS. NEWTON,* Trin. Coll. Cantab. Soc. Matheseos
Professore Lucasiano, & Societatis Regalis Sodali.

IMPRIMATUR.
S. PEPYS, Reg. Soc. PRÆSES.
Julii 5. 1686.

LONDINI,
Jussu Societatis Regiæ ac Typis Josephi Streater. Prostat apud
plures Bibliopolas. Anno MDCLXXXVII.

▲ 에드먼드 핼리는 핼리 혜성을 확인했을 뿐만 아니라,
뉴턴의 《프린키피아》(오른쪽 위)가 출판되도록 후원하였다.
이 책에는 중력의 법칙이 기술되어 있는데,
핼리 혜성은 그 법칙이 옳다는 증거를 제공하였다.

◀ 1572년에 발견된 티코의 별은
약 1만 년 전에 폭발한 초신성의 잔해이다.

작품인 《프린키피아》의 출판에 필요한 비용을
댈 수 있었다. 그보다 3년 전에 뉴턴은 행성의
운동에 관한 최초의 통일된 이론을 제안하면서,
행성과 혜성은 모두 똑같은 법칙의 지배를 받는
다고 주장했다. 《프린키피아》에서는 엄격한 수
학적 방식으로 세 가지 법칙을 기술하고 있는데,
그 법칙들은 혜성을 포함해 모든 물체에 적용되
었다. 혜성은 그 궤도처럼 아주 기이한 존재가 아
니라, 우주에 내재하는 규칙성을 증명해 주는 결
정적인 사례로 밝혀질 가능성도 있었다. 그렇게
되면 점성술사나 선동가들은 더 이상 혜성을 재
앙을 예고해 주는 존재로 내세우지 못하게 될 것
이고, 하늘과 땅에는 질서가 자리잡을 것으로 기
대되었다.

1695년, 핼리가 그 일에 과감하게 뛰어들었
다. 그는 과거의 혜성 관측 기록을 샅샅이 검토하
고, 그것을 이용해 혜성들의 궤도를 계산했다. 참
고할 만한 자료는 얼마 되지 않았다. 혜성을 기상

현상이라고 생각한 관측자들은 별들을 배경으로 나타나는 그 위치 변화를 기록하지 않았기 때문이다. 게다가, 혜성의 궤도가 포물선인지 타원인지 구별하기도 힘들었다. 궤도가 포물선일 경우, 혜성은 옛 사람들이 믿었던 대로 일회성 현상에 지나지 않지만, 타원일 경우에는 언젠가 다시 돌아오게 된다. 그러다가 마침내 일관성 있는 자료가 발견되었다. 1531년, 1607년, 1682년에 나타난 세 혜성의 관측 기록은 사실상 동일했다. 이 사실로부터 "(핼리는) 입증할 수 있는 것은 아니지만, 이 세 혜성은 약 75년의 주기를 가진 동일한 하나의 혜성일 가능성이 매우 높다고 결론내렸다."라고 왕립 학회는 기록했다. 그리고 그 결론은 명백했다. 자신의 저서 《혜성 개요》(1750)에서 쓴 것처럼, "…나는 감히 예언한다. 그것은 1758년에 다시 돌아올 것이다."

핼리의 혜성 연구는 뉴턴의 법칙에 기초해 이루어진 최초의 예측이었다. 핼리 자신은 1742년에 86세의 나이로 세상을 떠났지만, 핼리가 예언한 그 날이 다가오자 '혜성에 대한 열광'은 점차 확산되어 갔다. 감리교 목사인 존 웨슬리(John Wesley)는 그 혜성은 지구를 불태울 것이라고 말했다. 미국에서도 하버드 대학의 수학 및 자연철학 교수이던 존 윈스롭(John Winthrop)이 혜성의 꼬리가 행성에 충분히 많은 물을 뿌려 또 한 번의 대홍수를 가져올 것이라며 종말론적인 견해에 가세했다. 혜성은 '신의 도구'이니, 신이 그것으로 무엇을 할지 누가 알겠는가?

천문학자들은 다른 이유에서 흥분했다. 기록을 검토한 결과, 핼리 혜성의 궤도에는 아주 작은 변화가 나타났다. 그 주기도 어떤 거대 행성이 궤도에 영향을 미치느냐에 따라 1년 정도 차이가 나타났다. 따라서, 핼리 혜성이 돌아오는 날짜가 언제냐에 따라 뉴턴의 법칙이 옳은지 그른지 판

그 궤도에 관한 기록으로부터 핼리는 1531년에 나타난 혜성(그 당시 목격한 사람들이 이 그림으로 묘사한 것처럼)이 자신이 1682년 목격한 혜성과 동일하다는 것을 보였다.

조토가 1301년에 목격한 핼리 혜성은 그의 작품 〈동방 박사들의 경배〉(1304)에서 베들레헴의 별로 바뀌었다. 불길한 징조로 여겨지던 혜성이 구원의 상징으로 사용된 것은 극히 예외적인 일이다.

가름나게 돼 있었다. 프랑스의 수학자 알렉시 클레로(Alexis Clairaut)는 복잡한 계산 끝에 그 혜성은 1759년 4월 중순에 태양을 지나갈 것이라고 예측했다. 예측한 날짜와 거의 일치하는 1758년 크리스마스 밤에 독일의 아마추어 천문가 게오르크 팔리치(Georg Palitzsch)가 그 혜성을 발견했다. 그 혜성은 3월 13일에 태양을 지나갔다. 150년 이상의 관측에 바탕하여 계산한 결과는 한 달 정도의 차이밖에 나지 않는 훌륭한 예측을 낳았다. 이것은 뉴턴의 법칙이 옳음을 뒷받침해 주는 훌륭한 증거였다.

그 이후로 핼리 혜성이 언제 또 나타날지, 그리고 과거에 언제 그것이 나타났는지 계산하는 것은 훨씬 간단해졌다. 거꾸로 계산한 결과, 과거에 핼리 혜성이 나타난 해 중에 1456년과 1301년도 포함되었다. 1456년에는 베오그라드를 포위 공격하던 이슬람 군대가 혜성의 출현에 두려워했다는 기록이 있고, 1301년에는 이탈리아의 화가 조토(Giotto)가 〈동방 박사들의 경배〉라는 작품에 그 혜성을 베들레헴에 나타난 별로 그려 넣었다. 실제로, 핼리 혜성이 지난 30차례 지구를 방문한 사건은 모두 목격된 것처럼 보이며, 기원전 240년에 중국에서 최초로 목격되었다. 1066년에는 바이외 태피스트리에 묘사될 정도로 중요한 의미를 지니며 나타났다. 그러나 핼리 혜성은 해럴드 왕의 패배를 예고하는 전조가 아니라, 하늘은 전투와는 아무 상관 없이 뉴턴의 법칙에 따라 움직인다는 것을 보여 주는 증거로서 중요한 의미를 지닌다.

핼리 혜성의 정밀한 연구

핼리 이후에 등장한 위대한 혜성 사냥꾼은 프랑스의 천문학자 샤를 메시에(Charles Messier)이다. 그가 남긴 유명한 업적 중에는 103개의 성운 목록을 작성한 것이 있다. 그 중 많은 것은 오늘날 우리 은하와 비슷한 은하로 밝혀졌다. 이 성운들은 공식적으로 그의 이름(흔히 그 첫자인 M만 사용한다)에 숫자를 붙여 나타낸다. 예를 들면, 우리에게서 가장 가까운 은하인 안드로메다자리의 큰 나선 성운은 메시에(M) 31이란 이름이 붙어 있다. 그렇지만 그가 가장 큰 정열을 기울인 것은 혜성이었다. 루이 15세로부터 '혜성을 좇는 흰족제비'란 별명까지 얻은 그는 모두 21개의 혜성을 새로 발견했다.

메시에의 업적을 이어받은 사람은 프랑스의 장 루이 퐁(Jean Louis Pons)이었다. 퐁은 마르세유 천문대에서 관리인으로 시작하여 차근차근 경력을 쌓아 천문대장의 자리에 올랐고, 피렌체 박물관 천문대에서 마지막 경력을 보냈다. 퐁은 혜성을 36개 내지 37개(자료에 따라 차이가 있음) 발견했는데, 이것은 역사상 최고 기록이다. 1818년, 그 중 하나에는 그 궤도를 계산한 괴팅겐의 요한 엥케(Johann Encke)의 이름이 붙여졌다. 엥케 혜성은 불과 3.3년의 주기로 태양 주위의 궤도를 돌기 때문에 큰 흥미를 끌었다. 엥케 혜성은

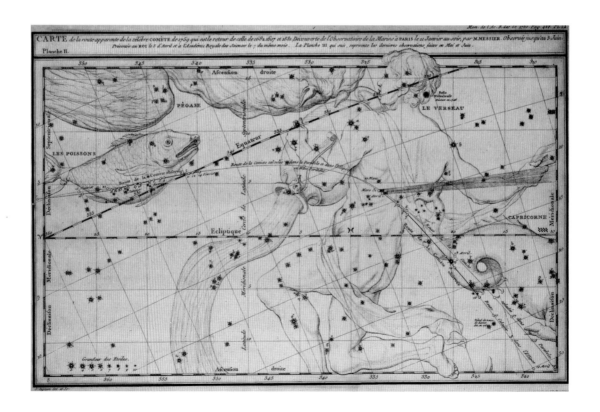

◀ 1910년에 다시 돌아온 핼리 혜성은 밤 하늘에 아주 밝은 모습을 드러냈다. 이 사진은 이집트의 헬완에서 찍은 것이다.

◀◀ '혜성을 좇는 흰족제비' 샤를 메시에는 1759년 초에 물고기자리와 처녀자리를 지나간 핼리 혜성을 추적하여 이 기록을 남겼다.

주요 혜성 중에서 태양에서 가장 가까운 궤도를 도는 혜성이다. 과거로 거슬러 올라가며 그 주기를 계산한 퐁은 그 주기를 알아 내기 전인 1805년에도 자기가 그 혜성을 목격했다는 사실을 알고 놀랐다.

사라져 가는 혜성

그 다음 150여 년 동안 수백 개의 혜성이 발견되었는데, 어떤 해에는 십여 개 이상이 발견되기도 했다. 천문학자들은 혜성의 일반적인 특징을 작은 질량, 명확하지 않은 핵, 햇빛에 의해 증발된 기체와 먼지로 이루어진 더욱 불명확한 꼬리로 기술하게 되었다. 19세기의 한 과학사가는 혜성의 꼬리를 "굴뚝에서 새어 나오는 연기" 같다고 묘사했다. 만약 혜성이 이와 같은 특징을 지니고 있다면, 언젠가는 다 증발되어 사라지고 말 것이다.

이 이론은 1826년에 발견자인 오스트리아의 육군 장교 빌헬름 폰 비엘라(Wilhelm von Biela)

의 이름을 딴 비엘라 혜성이 극적인 최후를 맞이할 때 증명되었다(사실, 비엘라 혜성은 과거에 여러 차례 발견되었으며, 아마 1772년에도 발견되었을 것이다. 그러나 아무도 그 혜성이 반복해서 돌아온 같은 혜성이란 사실을 알지 못했다). 일단 그 주기가 6.75년이라는 것이 밝혀지자, 천문학자들은 그 궤도를 조심스럽게 추적했다. 1845년, 비엘라 혜성을 관측하던 사람들은 깜짝 놀랐다. 혜성이 둘로 분열했던 것이다. 분열된 두 혜성은 예정대로 1852년에 다시 나타났다. 1858년에는 관측하기가 무척 어려웠지만, 천문학자들은 이 이중 혜성이 1866년에 돌아올 것을 기대하고 있었다. 그 때에는 그 궤도가 지구에 바짝 접근하기 때문이었다. 그러나 그들은 아무것도 볼 수 없었다. 비엘라 혜성이 사라져 버린 것이다. 1872년에도 비엘라 혜성은 나타나지 않았지만, 대신에 유성우가 장관을 이루며 쏟아졌다. 유럽의 하늘을 불꽃처럼 가득 채운 유성들은 너무 빠른 속도

로 떨어져 그 수를 세기도 힘들었다. 이 극적인 유성우는 비엘라 혜성의 파편에서 생긴 것이 분명했다. 이 현상은 유성은 대부분 혜성이 남긴 잔해라는 사실을 증명해 준다.

1900년경에 혜성의 꼬리는 로켓 꼬리 같은 것이 아니라는 사실이 분명히 밝혀졌다. 태양의 복사 에너지가 혜성의 머리로부터 먼지를 분출시켜 태양풍이 불어가는 방향으로 휘날리게 한다. 이 때문에 혜성이 태양을 돌아 태양계 외곽을 향해 갈 때에는 태양풍에 밀려난 꼬리가 머리보다 앞서 가게 된다. 그리고 태양에서 충분히 멀어지면 혜성으로서의 활동을 멈추고, 다음에 다시 돌아올 때까지 휴면 상태에 들어간다.

그래도 많은 수수께끼가 남아 있었다. 혜성은 어떤 물질들로 이루어져 있을까? 꼬리의 성분은 정확하게 무엇일까? 혜성은 어디에서 오는가? 혜성은 어떤 최후를 맞이하는가? 혜성이 바짝 접근해 와서 지구와 충돌하는 일이 일어날까? 그렇게 되면 어떤 일이 일어날까?

더러운 눈뭉치

행성 사이에서 배회하는 혜성에 관한 수수께끼에 많은 단서를 제공한 것은 핼리 혜성이다. 핼리 혜성만큼 자세히 연구된 혜성도 없다. 천문학자들의 입장에서 볼 때, 핼리 혜성은 여러 가지 이점이 있다. 크기가 크고, 지상의 천문대에서 관측하기에 좋은 궤도를 돌며, 극적인 모습으로 나타나며, 무엇보다도 규칙적이기 때문이다. 게다가, 핼리 혜성은 '역행' 궤도를 도는 특이한 점이 있다(핼리 혜성은 지구 및 다른 행성들과는 정반대 방향으로 태양 주위를 돈다). 1986년에 핼리 혜성이 다시 돌아왔을 때, 그것을 자세히 관찰할 수 있는 절호의 기회가 왔다. 일본, 소련, 유럽에서 발사한 우주 탐사선들이 가까이 다가가 자세히 조사할 수 있었기 때문이다(의회가 예산 승인을 거부하는 바람에 미국은 탐사선을 보내지 못했다).

유럽우주기구에서 발사한 지오토 호(중세 시대의 이탈리아 화가 조토의 이름에서 땄음)는 핼리 혜성의 핵으로부터 600 km까지 접근했다. 처음에 천문학자들은 핵은 지름 약 5 km의 둥근 모양으로, 밝을 것이라고 추측했다. 그러나 지오토 호가 보내 온 사진을 보고 그들은 깜짝 놀랐다. 그 핵은 석탄처럼 새카맣고 불규칙한 땅콩처럼 생겼고, 크기는 8 × 16 km에 이르렀다. 그리고 산 하나와 크레이터가 여러 개 있었고, 많은 분기공에서는 기체 제트가 뿜어 나오고 있었다. 그 기체는 표면 아래에 있는 얼음에서 나오는데, 표면 자체는 재 같은 물질, 사실상 탄소로 이루어진 얇은 껍질이다. 휘플은 이 결과를 듣고 몹시 기뻐했을 것이다. 핼리 혜성은 정말로 매우 더러운 눈뭉치(◁ 18쪽 참고)였다. 핼리 혜성은 약 5일 주기로 자전하는 동시에 공중제비를 넘으며 복잡하게 구르면서 마치 자동 그릴 위에 놓인 소시지처럼 태양 열에 스스로를 노출한다. 이러한 회전 운동과 태양 열(태양에 가까이 다가갈수록 더욱 증가하는)이 결합하여 핼리 혜성은 생기를 얻는다. 분기공이 어두운 쪽으로 돌아가면 탄소 껍질이 그 구멍을 막아 버리지만, 햇빛이 비치는 쪽에 있는 분기공은 표면 아래에 갇혀 있던 기체가 가열되어 팽창하면서 폭발하게 된다. 이 때 뿜어 나온 기체와 먼지가 혜성을 둘러싸고 있는 구름과, 밝은 빛을 내며 길게 뻗는 꼬리를 만든다. 지오토 호는 또 핼리 혜성의 꼬리에 생명의 기본 성분인 황과 탄소 화합물 같은 놀라운 화합물이 포함돼 있는 것도 발견했다. 이것은 지구와 혜성의 기원이 같다는 것을 뒷받침해 주는 증거이다.

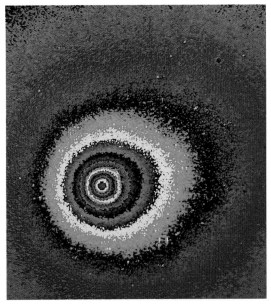

핼리 혜성의 궤도

이러한 많은 정보를 통해 핼리 혜성의 전 생애가 밝혀졌다. 지구 궤도를 가로질러 가는 일이 거의 없는 대부분의 혜성과는 달리, 핼리 혜성은 수성과 금성의 궤도 중간 지점인, 태양에서 8700만 km까지 접근한다. 태양에 이렇게 가까이 접근하면 태양 열로 인해 많은 물질을 잃게 된다. 태양을 한 번 방문할 때마다 핼리 혜성은 약 1억 톤의 물질을 잃는데, 이것은 표면 두께 1.8~2 m에 해당하는 양이다. 물론 76년의 주기 중에 물질을 잃는 기간은 1년밖에 되지 않지만, 어쨌든 이런 식으로 물질을 잃는다면 핼리 혜성은 영원히 지속될 수 없다. 핼리 혜성은 17만 5000년 동안 2300차례나 태양을 지나갔으며, 그 동안에 원래 32 km에 이르던 반지름이 절반으로 줄어들었다. 핼리 혜성은 현재 전체 생애에서 중간의 나이에 이른 셈이다. 다른 작은 천체와 충돌하거나 큰 행성에 접근하여 궤도에서 벗어나는 일이 없다면, 핼리 혜성은 앞으로도 18만 7000년 동안 2500 차례나 더 태양을 방문할 것이다. 그 다음에는 어떻게 될까? 아무 특징도 없는 암석덩어리가 되거나 증발해 버릴 것이다.

핼리 혜성이 남긴 먼지와 기체 물질은 어떻게 될까? 그렇게 중요한 혜성이 남긴 잔해라면 지구상에서 아주 극적인 유성우를 연출할 것으로 기대된다. 그러나 이상하게도, 실제로는 그렇지 않다. 그 이유가 밝혀지기까지는 약 100년이 걸렸다. 그리고 그 답은 혜성의 궤도에 관해, 그리고 혜성이 지구와 어떻게 상호 작용하는지에 관해 많은 것을 설명해 주었다.

핼리 혜성을 두 개의 유성우와 연결지은 그 설명이 최종적으로 나오기까지는 120년이 걸렸다.

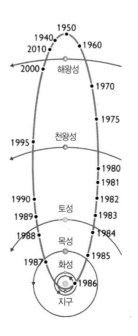

◀ 지구에 접근하는 혜성에서 지구를 바라본 모습의 상상도. 태양 열에 가열된 기체가 얼어붙은 표면을 뚫고 솟아오르고 있다.

▶ 핼리 혜성의 궤도는 지구의 공전 궤도와는 반대 방향이다. 그림에 표시된 날짜들은 1910년에서 2010년까지 핼리 혜성이 지나가는 지점을 나타낸 것이다.

▶▶ 지상에서 촬영한 핼리 혜성. 별들을 배경으로 한참 동안 노출시켜 찍은 이 사진은 광학 망원경으로 혜성을 분석하는 것이 얼마나 어려운지 보여 준다.

그 이야기의 시작은 1863년으로 거슬러 올라간다. 당시 미국의 천문학자 휴버트 뉴턴(Hubert Newton)은 옛날의 기록에 근거하여 4월 말이나 5월 초에 유성우가 나타날 것이라고 주장했다. 7년 뒤에 그의 주장은 옳은 것으로 증명되었다. 그 유성우는 물병자리에 있는 한 별(η61544)에서 시작되는 것처럼 보였다(η는 그리스 문자로, '에타'라고 읽는다). 한편, 영국의 위대한 천문학자 윌리엄 허셜(William Herschel)의 손자인 알렉산더 허셜(Alexander Herschel)은 10월에 오리온자리에서 쏟아지는 것처럼 보이는 또 다른 유성우의 복사점(유성우가 출발하는 것처럼 보이는 한 점)을 정확하게 찾아 냈다. 그는 오리온자리 유성우의 원인이 핼리 혜성이라고 주장하진 않았지만, 물병자리 에타별 유성우는 핼리 혜성이 원인이라고 생각했다. 그의 이 가설은 1886년에 옳은 것으로 확인되었다. 1911년이 되어서야 두 유성

우의 원천이 실제로는 같은 것이라는 사실이 밝혀지기 시작했다. 그러나 그것을 증명하기까지는 더 정교한 기술이 필요했다. 이것은 또한 왜 핼리 혜성이 지구의 대기권에서 더 극적인 유성우 쇼를 보여 주지 않는지 설명해 준다.

먼저, 천문학자들은 두 유성우에서 쏟아지는 입자들은 다른 유성들보다 훨씬 빠른 속도(초속 약 65 km)로 대기권으로 들어온다는 사실을 발견했다. 이것은 예상하던 바와 일치했다. 핼리 혜성의 역행 궤도 때문에 그 먼지 입자들은 지구와 정면으로 충돌하게 된다. 그런데 그 유성들은 왜 그렇게 규모가 미미한가? 그 답은 1986년에 분명히 밝혀졌다. 핼리 혜성이 지나갔는데도 불구하고, 두 유성우의 규모는 여전히 미미했다. 지구가 핼리 혜성이 지나간 궤도를 정확하게 지나가지 않은 것은 틀림없었다. 그렇다면 혜성의 꼬리와 유성우는 어떤 관계가 있는가? 혜성의 꼬리는

혜성의 궤도에 남은 희박한 입자들이 태양풍에 밀려나 생긴다. 이 입자들은 가냘픈 거미줄처럼 떠다니면서 퍼져 나간다. 핼리 혜성이 태양을 지나 돌아갈 때, 그 꼬리는 지구의 궤도와 직접 교차하지 않는다. 그러나 수백 년이 지나면서 그 꼬리는 점차 퍼져 나가, 마침내 그 중 희박한 가장자리 두 곳이 지구의 공전 궤도와 겹치게 되었다. 그리고 그 입자들 중 일부가 물병자리 에타별 유성우(4월~5월)와 오리온자리 유성우(10월)로 나타나는 것이다. 이들 유성우를 이루는 먼지 입자들은 수백 년 전에 방출된 것이다. 1986년에 핼리 혜성이 지나가면서 남긴 먼지 입자들이 지구상에서 유성우로 관측되려면 앞으로 수백 년이 지나야 할 것이다. 그러한 유성우는 핼리 혜성 자체가 사라지고 난 뒤에도 수백 년 동안 지구의 대기를 가로지르며 나타날 것이다.

▲ 태양 열에 의해 아직 꼬리가 충분히 발달하지 않은 핼리 혜성의 모습.

◀◀ 꼬리가 충분히 성장한 핼리 혜성의 모습. 오스트레일리아 사이딩스프링에서 촬영한 사진이다.

 ## 혜성과 생명의 기원

1960년대에 천문학자들은 행성간 공간과 성간 공간에서 화학 반응을 통해 생긴 다양한 화합물의 흔적을 발견하였다. 40여 종의 분자에는 탄소, 암모니아, 포름알데히드, 개미산도 포함돼 있었다. 게다가, 운석에서 아미노산이 발견되기까지 했다. 영국의 천문학자 프레드 호일(Fred Hoyle)은 혜성이 생명의 구성 요소를 실어 날라 와 그것이 지구상에서 생명의 진화를 촉발시켰다는 주장을 폈다. 많은 과학자들은 호일의 가설을 좀 별난 주장으로 여겼지만, 우주 탐사선 지오토 호(오른쪽)는 핼리 혜성의 핵에서 유기 물질을 발견하였다. 그리고 NASA의 한 연구팀은 혜성이 지구 대기권에 들어올 때 발생하는 높은 열이 어떤 효과를 나타내는지 알아보기 위해 혜성의 기체 물질을 약 8000°C로 가열하는 실험을 해 보았다. 그 결과, 일부 분자들은 살아남았고, 심지어 새로운 분자들이 생기기까지 했는데, 그 중에는 물, 이산화탄소, 메탄, 질소, 황화수소 등이 포함돼 있었다. 앞으로 더 많은 증거가 쌓이면, 호일의 가설이 옳은 것으로 밝혀질지도 모른다.

혜성의 꼬리와 유성우

지금까지 발견된 혜성은 약 1000개에 이른다. 발견되지 않은 채 배회하고 있는 수십억 개의 혜성에 비하면 극히 일부에 지나지 않지만, 이것만으로도 천문학자들은 혜성이 오르트운과 카이퍼대에서 발생한다는 것, 그 궤도와 주기, 그리고 그 잔해가 우주 공간에 떠돌다가 유성으로 떨어진다는 것 등 혜성에 관한 모든 것을 알아 낼 수 있었다.

천문학적인 시간 척도에서 보면, 혜성은 일단 태양 궤도에 진입하는 순간부터 덧없는 하루살이의 운명을 걷게 된다. 그 혜성은 녹고 침식되고 증발하여 결국에는 사라지고 만다. 어떤 혜성은 기체 꼬리를 다 날려 보내고, 활기 없는 소행성으로 변해 간다. 또 산산조각나면서 최후를 맞이하거나 크기가 작아진 다음, 태양이나 큰 행성의 중력에 의해 분해되는 것도 있다. 대개의 경우, 혜성이 행성의 영역에서 여행하는 동안에는 물질의 방출이 서서히 일어난다. 태양에 접근하면 그 양이 증가했다가, 태양에서 멀어지면 다시 줄어든다. 그런데 가끔 어떤 혜성은 예고도 없이 분화하는 화산처럼 섬광을 내면서 수천 배나 밝아지기도 한다. 왜 일부 혜성이 이와 같이 타오르는지는 아무도 모르지만(슈바스만-바흐만 혜성처럼. 39쪽 참고), 행성간 공간에 떠도는 다른 작은 천체와 충돌한 것이 한 가지 원인일 수도 있다. 많은 소행성에는 충돌의 상처가 남아 있으며, 핼리 혜성에서도 크레이터가 여러 개 관측되었다. 충돌이 혜성을 파괴하지 않는다 해도, 그것은 물질의 분출을 촉발시킬 수 있다.

혜성의 꼬리는 하나가 아니라, 둘

혜성의 표면에서 뿜어 나오는 꼬리는 좀 복잡하다. 분출되는 물질들은 핵 주위에 먼지와 기체로 이루어진 희미한 무리를 이루는데, 이것을 코

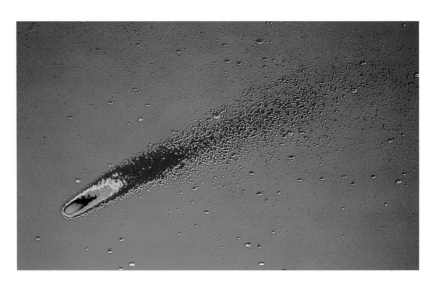

1970년에 나타난 베넷 혜성의 사진을 인공적으로 색상 처리한 것. 핵, 코마, 먼지 꼬리, 플라스마 꼬리의 구조가 다섯 등급의 온도 색깔로 선명하게 나타나 있다.

2000년, 멀리 떨어져 희미하게
보이던 리니어 혜성이 갑자기
그 껍질층 일부가 폭발하는
불안정한 모습을 보였다.
이 사진들은 7월 5일부터
7일까지 3일 간에 걸쳐 찍은
것이다.

 지금까지 기록된 최대
규모의 유성우는 1833년
11월 12일에 미국과 캐나다에서
목격된 사자자리 유성 '폭풍우' 이다.
일곱 시간 동안 시간당 약 3만 개의
유성이 떨어졌다.

마(coma)라 한다. 천문학자들이 생각한 가설과 지오토 호가 핼리 혜성에서 확인한 것처럼, 태양풍은 혜성의 먼지들을 밀어 내 긴 꼬리를 태양의 반대 방향으로 휘어지게 한다. 그런데 혜성의 꼬리는 하나가 더 있는데, 이것은 혜성이 태양에 접근했을 때 생겨난다. 강한 태양 복사는 일부 기체 물질에서 전자를 떨어져 나가게 하여 이온 상태로 만드는데, 이러한 물질 상태를 플라스마(plasma)라 한다. 플라스마는 태양의 자기장에 민감한 반응을 보인다. 그 결과로 플라스마로 이루어진 두 번째 꼬리가 생겨나는데, 이온화된 원자들이 자외선을 받아 형광을 발하면서 괴기스런 파란빛으로 빛나는 것이다. 이 꼬리 역시 태양의 반대쪽을 향하지만, 직선으로 뻗어 나간다.

꼬리를 이루는 먼지 입자들이 지구의 대기권으로 들어오면, 밤 하늘에 유성으로 나타난다. 오늘날에는 각각의 유성우에 대해서도 세밀한 연구가 이루어져, 유성우의 원천인 모물질의 궤도를 밝혀 내고, 가능하다면 그 역사까지도 추적하고 있다. 유럽에서 가장 인기 있는 유성우 중 하나는 페르세우스자리 유성우이다. 매년 8월이 되면 페르세우스자리 유성우가 밤 하늘을 가르며 쏟아져 휴가를 즐기는 사람들에게 볼거리를 제공한다. 과학자들은 페르세우스자리 유성우가 과거에 나타난 사례를 찾기 위해 역사 기록을 샅샅이 조사해 보았다. 그 결과, 이미 서기 36년에도 페르세우스자리 유성우가 활동을 하고 있었다는 사실이 밝혀졌다.

천문학자의 수수께끼

일 년 중에 일어나는 주요 유성우는 21가지가 있는데, 그 중 두 가지는 아직도 수수께끼로 남아 있다. 그 중 하나인 사분의자리 유성우는 1825년 1월에 이탈리아의 천문학자 안토니오 브루칼라시(Antonio Brucalassi)가 관측 기록을 남기면서 처음으로 천문학자들의 주목을 받았다(사분의자

◀ 1996년, 햐쿠타케 혜성이 지구에서 약 1500만 km까지 바짝 접근하면서 이와 같은 극적인 모습을 보여 주었다.

◀◀ 우주 공간을 여행하는 우주 비행사에게는 먼지 꼬리와 플라스마 꼬리를 가진 혜성이 지구와 달을 지나갈 때 이와 같은 모습으로 보일 것이다.

▶ 1965년, 이케야-세키 혜성은 최초로 적외선 망원경으로 그 온도를 측정한 혜성이 되었다.

리는 1922년에 현재 사용되는 공식적인 별자리 88개가 채택될 때 사라졌다). 자세한 관측 기록은 1860년대부터 겨우 시작되었는데, 사분의자리 유성우를 관측하기가 쉽지 않았기 때문이다. 사분의자리 유성우는 북반구에서만 볼 수 있으며, 1월 3~4일 자정 직후에 가장 많이 떨어지는데, 시간당 100~190개가 떨어진다. 그 빛은 미약하고, 복사점도 불분명하다. 추운 날 밤에 사분의자리 유성우를 관측하려고 하는 천문학자는 마치 질풍 속에서 빗방울의 개수를 세려고 하는 사람과 비슷한 처지에 놓인다. 사분의자리 유성우의 원천인 먼지 흐름은 상당히 오래 되고 희박하게 퍼진 것이 분명하며, 그 기원인 혜성의 흔적도 찾을 길이 없다. 천문학자들은 그 혜성이 약 1500년 전에 분해되면서 사분의자리 유성우와 두 번째 수수께끼의 유성우를 남긴 것이 아닌가 추측한다. 두 번째 수수께끼인 물병자리 델타별 유성우는 7월에 물병자리 δ61540이라는 별 근처를

복사점으로 하여 쏟아진다. 만약 천문학자들의 추측이 사실이라면, 이 두 유성우를 만들어 내는 먼지 입자들의 흐름은 궤도를 돌다가 마침내 종말을 맞이하게 되는 혜성들의 운명을 예고해 준다. 종말을 맞이한 혜성 뒤에 남는 것은 여기저기 흩어진 먼지 입자들뿐이고, 그것들마저 종국에는 사라지고 말 것이다. 앞으로 삼사백 년 후에는 사분의자리 유성우는 아예 사라지고 말 것이다.

보이는 혜성과 보이지 않는 혜성

지구에서 볼 때, 모든 혜성은 각자 고유한 특징을 지니고 있다. 100년에 서너 차례는 낮에도 맨눈으로 볼 수 있을 정도로 밝은 혜성이 나타난다. 1910년에 그러한 혜성이 나타났는데, 1월 12일 새벽에 요하네스버그에서 처음 목격되었다. 그 다음 일 주일 동안 이 대일광(大日光) 혜성(the Great Daylight Comet)은 북유럽 전역에서도 목격되었다. 가장 최근에 나타난 일광 혜성은 1976

년에 나타난 웨스트 혜성이다. 이 혜성의 모습은 다시는 볼 수 없게 되었는데, 태양에 가장 가까이 접근하고 나서 일 주일 후에 네 조각으로 쪼개지고 말았기 때문이다.

혜성은 지상의 관측자가 볼 때에는 아주 드물게 목격되는 사건이지만, 밝은 햇빛에 가려 보이지 않는 혜성은 보이는 혜성보다 압도적으로 많다. 그러한 혜성들은 특별한 상황에서나 또는 특수 장비를 사용해야만 볼 수 있다. 1948년 나이로비에서 일식이 관측될 때, 태양의 원반면 가장자리에서 혜성이 발견되었다. 그 혜성은 그로부터 일 주일 후에야 태양에서 충분히 멀어져 비로소 맨눈으로 보였다. 그래서 그 혜성에는 '일식 혜성'이라는 별명이 붙었다. 19세기에 세 혜성이 태양에 접근하는 것이 목격된 적이 있었는데, 그것을 본 독일 천문학자 하인리히 크로이츠

일광 혜성과 일식 혜성 목록
1843 : 2월 혜성(이름 없음)
1882 : 5월의 일식 때 발견된 튜픽 혜성
1882 : 9월 혜성
1910 : 일광 혜성
1947 : 5월의 일식 때 발견된 론다니나-베스터 혜성(C/1947F1)
1948 : 동아프리카의 일식 때 발견된 일식 혜성(C/1948V1)
1965 : 이케야-세키 혜성
1976 : 웨스트 혜성(C/1975V1)
1997 : 3월의 일식 때 발견된 헤일-봅 혜성

(Heinrich Kreutz)는 그것들은 더 큰 혜성이 쪼개진 잔해라고 주장했다.

최근에 태양의 밝은 빛을 가릴 수 있는 카메라가 탑재된 인공 위성들은 그러한 혜성 집단들을 새로이 발견했는데, 그것들은 겨우 800만 km 이내의 거리에서 태양 주위를 돌거나 태양 속으로 곧장 돌진해 들어갔다. 태양을 스쳐 지나가는 혜성은 75개 가량이 발견되었다. 이 혜성들은 모두 크기가 작으며, 이 여행에서 살아남는 것은 거의 없다. 태양의 강한 중력과 열에 산산조각나거나 완전히 증발해 버리고 만다. 그렇게 많은 혜성이 그렇게 가까이 접근하는 것은 기묘한 우연의 일치처럼 보인다. 아마도 그것들은 크로이츠가 주장한 것처럼, 태양 근처를 여러 번 지나치면서 분해된 큰 모혜성의 잔해인 한 가족인지도 모른다. 크로이츠 혜성군의 정확한 정체는 앞으로 더 많은 연구를 통해 밝혀질 것이다.

소행성 충돌

소행성 충돌

블록버스터 영화나 진지한 천문학자들이 이따금씩 상기시켜 주듯이, 우리는 사격장 속에서 살아가고 있다. 장기적으로 볼 때, 우리는 언젠가는 우주 공간을 배회하는 소행성이나 혜성과 충돌할 것이다. 그러나 그러한 충돌이 우리에게 직접적인 영향을 끼쳤다거나 머지않은 장래에 그럴 가능성이 있다는 이야기는 최근까지만 해도 그저 공상에 불과한 것으로 여겨졌다. 혜성이 재앙을 가져온다는 옛 사람들의 믿음은 단순히 미신이 아니라 사실인 것처럼 보인다. 새로운 연구를 통해 혜성이 인류의 역사에 최소한 다섯 차례는 결정적인 영향을 미쳤다는 사실이 드러났다. 또, 매일 새로운 소행성이 발견되고 있고, 그 중 많은 것은 지구의 궤도와 교차하고 있다. 지구의 종말을 예고하는 대참사 시나리오는 눈앞에 닥친 현실이라기보다는 공상 과학 소설의 소재에 더 어울릴 것이다. 그러나 그것보다 규모가 작은 참사는 언젠가 일어날 것이 확실하다. 이제 이것은 과학자나 정책 담당자 모두 신경을 곤두세우는 문제가 되었다.

◀◀ 얼음으로 덮인 표면이 태양 열에 의해 격렬하게
분출하면서 지구를 향해 다가오는 혜성의 상상도.

점점 쌓여 가는 증거

1908년 6월 30일 이른 아침, 중앙 시베리아를 흐르는 앙가라 강 근처에서 밭일을 하던 농부는 잠시 쟁기 옆에 앉아 식사를 하고 있었다. 그 때, 갑자기 어디선가 요란한 소리가 들려 왔다. 그 때의 상황에 대해 그는 훗날 이렇게 이야기했다. "마치 대포 소리 같은 큰 폭발 소리가 들렸습니다. 말도 깜짝 놀라 그 자리에 주저앉았습니다. 그리고 북쪽 숲 너머에서 화염이 치솟았지요. 그러고 나서 전나무 숲이 바람에 휩쓸려 넘어졌습니다. 저는 태풍이 불어닥쳤나 하고 생각했지요. 저는 쟁기가 바람에 날려가지 않도록 두 손으로 쟁기를 꼭 붙잡았습니다. 바람이 얼마나 셌던지 땅 위의 흙이 휩쓸려 갔고, 앙가라 강에 큰 파도가 일었습니다. "

그 폭발은 농부가 있던 곳에서 북쪽으로 200 km 떨어진 퉁구스카 강 상공에서 일어났으며, 상트페테르부르크, 베를린, 포츠담, 런던의 기상 관측소에서도 포착되었다. 하루 뒤에는 기압의 두 번째 변화가 감지되었다. 이처럼 퉁구스카 사건의 메아리는 모든 방향으로, 전세계로 퍼져 나갔다. 그 시절에 이 외딴 지역으로 여행하는 것은 무척 어려운 일이었기 때문에, 과학자들이 조사를 위해 그 곳을 방문한 것은 사건이 일어나고 20년이 지나서였다. 1927년, 폭발 현장에 도착한 과학자들은 완전히 폐허로 변한 장소를 보게 되었다. 구덩이는 발견되지 않았으나, 지름 32 km의 원 안에 있는 모든 나무들이 폭발의 중심에서 바깥쪽을 향해 쓰러져 있었다.

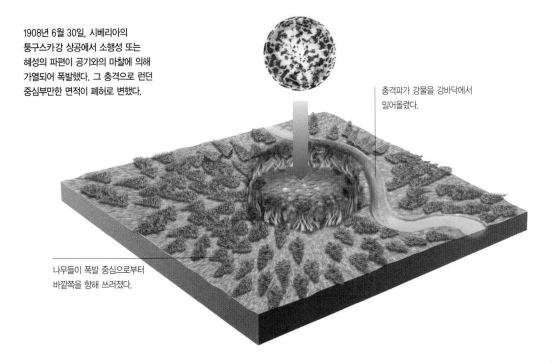

1908년 6월 30일, 시베리아의 퉁구스카강 상공에서 소행성 또는 혜성의 파편이 공기와의 마찰에 의해 가열되어 폭발했다. 그 충격으로 런던 중심부만한 면적이 폐허로 변했다.

충격파가 강물을 강바닥에서 밀어올렸다.

나무들이 폭발 중심으로부터 바깥쪽을 향해 쓰러졌다.

이 폭발 사건은 오랫동안 풀리지 않는 수수께끼로 남아 있었다. 한 가지 가능성은 폭발을 일으킨 물체가 운석이 아닐까 하는 것이었다. 그렇다면 운석 구덩이는 왜 보이지 않는가? 왜 그것은 공중 높은 곳에서 폭발했을까? 구체적인 증거가 없는 상태에서 오랫동안 별별 괴상한 추측이 난무했다. 그 중에는 외계인의 우주선이 폭발한 것이라는 주장도 있었다. 오늘날 과학자들은 그 사건은 초속 약 30 km의 속도로 지면과 거의 평행한 각도로 날아가던(몇 km만 벗어났어도 지구를 완전히 스쳐 지나가고 말았을) 지름 50~60 m, 무게 약 10만 톤의 소행성 때문에 일어났다고 확신하고 있다. 짙은 공기 속을 지나가던 소행성은 온도가 급격히 높아지는 바람에 열을 제대로 방출하지 못했다. 그래서 약 10 km 상공에서 15메가톤(TNT 1500만 톤에 해당하는 위력, 또는 히로시마에 투하된 원자 폭탄보다 1000배나 강한 위력)의 에너지를 내며 폭발했다. 만약 대도시 상공에서 폭발했더라면, 수백만 명의 사망자가 발생했을 것이다.

격변설 대 동일 과정설

그 폭발은 아주 외딴 지역에서 일어났기 때문에, 그 사건이 일어날 당시에는 과학계에 거의 아무런 영향도 주지 못했다. 그 당시만 해도 천문학자들과 지구과학자들은 지구와 생물은 단순한 것에서 복잡한 것으로, 원시적인 것에서 고등한 것으로 서서히 진화해 왔다는 편리한 사고에 빠져 있었다. 그것은 과학의 상식으로 자리잡게

된 혁명적인 두 가지 견해, 즉 뉴턴의 중력 이론과 다윈의 진화론에서 유래한 믿음이었다. 두 이론이 나온 시기는 약 300년이나 차이가 나지만, 두 이론은 우주와 생명의 진화는 질서정연한 과정을 따라 일어난다는 매우 그럴듯한 개념의 기초가 되었다. 격변은 노아의 대홍수나 기적과 같은 과학 이전의 미신을 연상시켰다. 그래서 '격변설'은 사라지고, '동일 과정설'이 들어섰다.

그런데 20세기 중반에 여러 분야, 특히 지구과학과 천문학에서 새로운 증거들이 나타남에 따라 격변설은 변형된 모습으로 재등장했다. 지구과학 분야에서 고생물학자들은 오랫동안 풀리지 않던 두 가지 문제 때문에 골치를 썩이고 있었다. 첫 번째 문제를 연구하기에 가장 좋은 장소는 남아프리카 공화국의 카루 사막이었다. 케이프타운에서 요하네스버그로 연결되는 인적 드문 길을 따라 관목과 풀만 자라는 바위와 모래 땅을 자동차를 타고 달리면, 지갑영양이 자동차를 피해 쏜살같이 달아나곤 한다. 원래 해저에 퇴적되

새로운 믿음의 예언자
찰스 다윈은 인류의 기원에 대한 열쇠는 영겁의 시간에 걸쳐 일정하게 작용하는 자연 선택의 힘에 들어 있다고 주장했다. 그의 이론에는 격변적인 사건이 들어설 여지가 없었다.

라파엘로 전파 화가인 독일의 율리우스 슈노어 폰 카롤스펠트 (Julius Schnorr von Carolsfeld)가 이 그림에서 묘사한 노아의 홍수와 같은 격변은 19세기까지만 해도 기독교 신자들 사이에서는 절대적인 진실로 받아들여졌다. 그러나 종교적인 설명이 과학적인 설명에 밀려나면서 격변설은 무대에서 사라지게 되었다. 그러나 오늘날 격변설은 다시 부활했다.

었다가 비스듬한 각도로 솟아오른 이 곳의 사암과 셰일에는 약 4억 년 전부터 현재까지의 지구의 역사가 기록돼 있다. 속새류, 이끼류, 양치류 화석은 이 황량한 장소에 최초의 식물들이 어떻게 살고 있었는지 보여 준다. 그리고 더 높은 지층에는 양서류와 원시 포유류의 화석이 다양하게 분포하고 있다. 고생대 페름기가 시작될 무렵인 약 2억 7000만 년 전, 종들은 새로 열린 생태학적 적소를 차지하기 위해 서로 경쟁했다. 약 2000만 년 동안 진화의 춤을 통해 몸 크기, 빠르기, 이빨, 방어 수단, 시력, 갈고리발톱 등을 발달시키면서 온갖 크기와 모양의 초식 동물과 포식 동물이 진화하였다. 그러다가 약 2억 5000만 년 전에 갑자기 음악이 멈추었다. 이 지역에 살던 전체 종들 중 약 절반이 거의 동시에 멸종한 것처

요한묵시록에는 혜성의 충돌에 대해 기록한 것처럼 보이는 부분이 있다. "그러자 하늘로부터 큰 별 하나가 횃불처럼 타면서 떨어져…그 바람에 물의 삼분의 일이 쑥이 되고 많은 사람이 그 쓴 물을 마시고 죽었습니다."

럼 보인다. 약 500만 년에 걸친 최종 악장에서는 새로운 종들이 나타나 이전의 종들을 대체했다. 그러나 결국에는 전체적인 침묵, 곧 대절멸이 다가왔다. 그와 함께 3억 년에 걸쳐 소형 해양 생물로부터 원시 포유류에 이르기까지 활발한 진화가 일어나던 시대(지질학자들이 고생대라고 부르는)는 끝나고 말았다. 바다에서는 거의 모든 산호와 완족류와 해면동물을 포함해 무척추 동물 종 중 90%가 사라졌다. 수백만 년 동안 전세계의 바다에서 청소부 동물로 살아가던 삼엽충도 완전히 사라졌다. 대부분의 어류와 달팽이, 조개류도 사라졌다.

그 다음에 등장한 동물은 19세기 초에 그 뼈 화석이 처음으로 발견된 공룡으로, 인간의 상상을 초월할 만큼 크기와 종류가 다양했다. 공룡과

그 친척들은 온갖 종류의 종들을 진화시키면서 1억 4000만 년 동안 육지뿐만 아니라 바다와 하늘까지 정복해 나갔다. 육지에서는 꽃 피는 식물이 나타났고(이 식물들은 결국에는 전체 식물 중 80% 이상을 차지할 정도로 번성해 나간다), 곤충이 크게 번성했다. 바다에서는 암모나이트(칸막이 방들을 가진 채 자유롭게 떠다니던 연체동물)가 크게 번성하여 1000종류 이상이 진화하였다.

약 6500만 년 전, 중생대 백악기 말에 이르렀을 때, 전세계의 식물과 동물은 오늘날만큼이나 풍부하게 존재했다. 사실, 이 무렵에 공룡은 지능이 발달해 가는 단계에 있었던 것으로 보이며, 두 발로 서서 걸어다니던 종들은 앞발을 거의 손처럼 움직일 수 있도록 진화하고 있었고, 걷는 자세도 시간이 지나면 사람과 비슷한 방향으로

◀ 약 6500만 년 전, 한 초식 공룡이 자신과 모든 친척들을 멸종시킬 혜성이 떨어지는 것을 바라보고 있다.

▶ 수성의 표면은 달 표면처럼 심한 충돌 자국으로 얼룩져 있다. 만약 지질 활동과 기후가 지구 표면을 변화시키지 않았더라면, 지구 표면 역시 이와 비슷한 모습을 하고 있을 것이다.

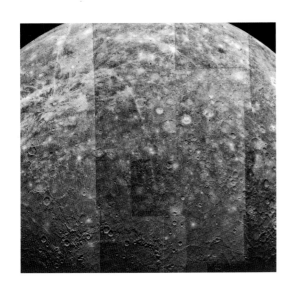

나아갈 것처럼 보였다. 최초로 진화한 포유류는 땃쥐처럼 생긴 것이었는데, 제한된 일부 생태학적 적소(나무 위나 땅굴)에 갇혀 살았다(진화의 물결이 그들에게 유리해질 때까지). 그러다가 공룡들이 갑작스런 격변적인 죽음을 맞이했을 때, 작은 포유류들에게 기회가 왔다.

충돌 가설

20세기 거의 내내 과학자들은 지질 시대에 나타난 이 두 가지 큰 공백(대절멸 사건)에 대한 의문을 풀지 못했다. 무엇이 이러한 종의 대절멸을 초래했을까? 아주 별난 사람들을 제외하고는 격변적인 충돌 가설을 진지하게 생각한 사람은 없었다. 오늘날 충돌의 확실한 증거로 여겨지는 것들은 그 당시에는 전혀 인정받지 못했다. 달의 크레이터가 그 증거가 아니냐고? 그것은 화산 분화에 의해 생길 수도 있다고 생각했다. 다른 위성들의 크레이터는 아직 자세히 관측되지 않던

시절이었다. 그리고 혜성이나 소행성이 다른 천체와 충돌하는 광경을 목격한 사람은 아무도 없었다. 만약 지구에 소행성이나 혜성이 충돌했다면, 충돌의 증거인 크레이터는 어디에 있는가? 물론 아주 인상적인 흔적이 하나 남아 있긴 하지만(애리조나 주의 미티어 크레이터), 20세기 중반까지만 해도 운석이 발견되지 않았다는 이유로 그것을 화산 분화구라고 주장하는 사람들이 있었다.

1970년대 말에 이르러서야 답들이 나오기 시작했다. 미국의 달 착륙 계획을 통해 우주 비행사가 충격을 받아 짓눌린 월석을 지구로 가져오자, 달의 크레이터가 정말로 충돌에 의해 생겨났다는 것이 입증되었다. 1974년과 1975년에 매리너호가 수성을 탐사하고, 그 다음에는 태양계 바깥쪽에 존재하는 위성들의 탐사가 이루어지자, 충돌 크레이터는 보편적인 현상임이 드러났다.

마지막으로, 지구 자체도 충돌을 겪었다는 증거들이 발견되었다. 미티어 크레이터를 연구한 결과, 약 5만 년 전에 지구에 충돌했던 운석은 충돌과 함께 증발해 버렸음이 드러났다. 오래 된 큰 운석 구덩이들은 풍화와 침식 작용으로 그 흔적이 사라지고, 또 대륙 이동과 조산 운동에 의해 그 모습이 변형되었을 것이다. 현재까지 확인된 운석 구덩이는 150개가 넘는다. 아직도 열대 우림이나 극 지방의 얼음층 아래에는 발견되지 않은 운석 구덩이가 수천 개나 있을지 모른다. 또, 그것보다 몇 배나 많은 운석 구덩이가 풍화 및 침식 작용으로 사라졌을 것이다. 물론 바닷속

으로 떨어진 소행성도 무수히 많을 것이다. 현재 남아 있는 운석 구덩이는 대부분 생긴 지 2억 년 미만의 것이다. 이것은 실제로 지구에 충돌한 운석에서 생긴 운석 구덩이는 이보다 훨씬 많다는 것을 시사한다.

1980년, 루이스 알바레즈(Luis Alvarez)와 월터 알바레즈(Walter Alvarez) 부자는 충돌 가설의 결정적인 증거를 찾아 냈다. 두 사람은 이탈리아의 굽비오 근처에서 공룡이 멸종한 시대에 생성된 기묘한 점토층을 발견했다고 발표했다. 그 점토층에는 아주 희귀한 원소인 이리듐이 풍부하게 포함돼 있었다. 지구 진화 모형에 따르면, 이리듐은 지구의 핵이나 원시 지구의 재료 물질인 소행성에 많이 포함되어 있는 물질이다. 알바레즈 부자는 그 점토층에 이리듐이 이렇게 풍부하게 포함돼 있는 것은, 6500만 년 전에 거대한 운석이 지구에 충돌한(그래서 공룡을 멸종시킨) 것으로밖에 설명할 수 없다고 주장했다.

알바레즈 부자의 주장은 큰 논란을 불러일으켰다. 그러나 에스파냐 남부와 덴마크, 뉴질랜드 등에서 똑같은 '이리듐 지층'이 발견되고 (1980년대 중반까지 모두 50군데 이상에서), 또 격변을 일으킨 충돌의 다른 증거가 발견되면서 과학자들은 충돌 가설을 점차 진지하게 받아들이게 되었다. 에스파냐 남부에서 발견된, 이리듐을 풍부하게 포함하고 있는 작은 암석은 지구에서

▲ 이탈리아 굽비오 근처에서 지상에 노출된 지층. 동전으로 표시한 지층은 백악기 말과 신생대 제3기 사이에 해당하는 지층이다.

▶ 오늘날의 유카탄 반도 해안 위에 지름 180 km의 칙술루브 크레이터의 이중 고리를 겹쳐 본 모습.

 ## 위험을 판단하는 척도

토리노 척도는 소행성이나 혜성의 위험 정도를 평가하는 척도이다. 매사추세츠 공과 대학의 리처드 빈젤(Richard Binzel) 교수가 창안한 이 척도는 1999년 이탈리아 토리노에서 열린 지구 근접 물체에 관한 국제 회의에서 채택되었다. 천체의 크기와 충돌 확률을 감안한 이 척도는 1등급(작은 천체, 충돌 확률 거의 없음)에서 10등급(거대한 물체, 전세계적인 대참사 위험)까지 분류되어 있다. 현재까지는 어떤 등급을 부여할 만한 소행성이나 혜성도 발견되지 않았다.

우주 공간으로 날아갔다가 다시 지구로 떨어진 것으로 보였다. 또, 비슷한 시기에 생성된 다른 지층들에서는 미세한 숯 입자들이 발견되었는데, 이것은 전세계적으로 큰 불이 일어났음을 보여 주는 증거였다. 그러다가 1990년에 결정적인 증거가 발견되었다.

중력 이상을 탐사한 결과, 유카탄 반도 해안의 퇴적층 아래 깊은 곳에 크레이터가 있다는 사실이 드러났다. 사실, 이 크레이터에 대한 최초의 증거는 1940년대에 멕시코의 국영 석유 회사가 칙술루브라는 작은 마을 근처에서 시추 작업을 할 때 발견되었다. 그렇지만 과학의 역사에서 종종 볼 수 있는 것처럼, 그러한 증거는 그것을 이해할 수 있을 만큼 다른 연구 성과가 충분히 축적되었을 때 비로소 그 진가를 인정받게 된다.

이제 과학자들은 어떤 일이 일어났는지 설명할 수 있게 되었다. 지름 약 10 km의 소행성이 충돌하면서 최소한 지름 180 km의 크레이터가 생겼고, 전세계에 격변을 일으켰다. 이만한 크기의 소행성이 시속 4만 km로 돌진했다면, 현재 전세계의 핵 저장고에 저장돼 있는 모든 핵무기의 1만 배에 해당하는 에너지가 방출되었을 것이다. 그 후, 산성 비가 쏟아져 대양의 90 m 깊이까지 오염시켰고, 높이 300 m의 해일이 원시 대서양을 휩쓸고 지나갔다. 파편들이 지구 궤도까지 높이 날아오른 다음, 불덩어리가 되어 떨어지면서 전세계의 숲을 불태웠다. 두꺼운 먼지막은 지구 전체를 뒤덮었다. 이러한 재난들이 겹쳐 큰 동물들은 전부, 작은 동물들은 절반 이상이 죽어 갔다.

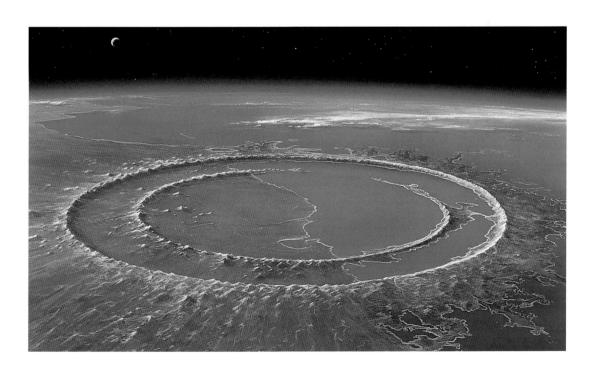

혁명의 완결

만약 한 번의 충돌이 일어난 게 확실하다면, 그 밖에도 여러 번의 충돌이 일어났을 가능성이 높다. 실제로, 다섯 차례의 대규모 절멸 사건은 소행성 충돌과 관련이 있는 것으로 생각된다. 그러나 10억 년 동안에 다섯 차례의 큰 충돌이 일어났다면, 그다지 잦은 충돌은 아니다. 그러니 우리가 그렇게 불안에 떨 필요가 있을까?

그러나 그 대답은 점점 '그렇다' 쪽으로 기울고 있다. 역사 시대에 들어와서도 충돌이 일어났다는 증거가 점점 더 많이 나타나고 있기 때문이다. 그러한 증거는 나이테와 얼음, 역사 기록에서 발견되었다. 이러한 증거들은 신화나 전설로 여겨졌던 이야기가 실제로 일어난 사건을 담고 있다는 것을 시사한다.

1920년대부터 과학자들은 나이테로부터 과거의 기후를 추측하는 작업을 계속해 오고 있다. 연륜연대학(年輪年代學)이라는 이 분야는 매년 나무가 성장하는 속도가 환경 조건에 따라 달라진다는 사실에 기초하고 있다. 과학자들은 다양한 지역과 여러 종의 나무(애리조나소나무, 캘리포니아가시삿갓소나무, 유럽떡갈나무 등)에서 얻은 자료로부터 한 해 한 해의 기후 조건을 파악하고 있다. 이러한 증거는 그린란드의 빙관(氷冠)에서 얻은 다른 증거와 결합되어 더욱 설득력을 얻고 있다. 그린란드의 빙관은 지난 4만 년 동안에 쌓인 눈이 자체의 무게로 짓눌려 얼음층을 이루고 있다. 이 얼음층을 기다란 원통 모양으로 표본을 파내 조사하면, 각 해에 내린 눈의 양뿐만 아니라, 그 화학적 구성 성분까지도 알 수 있다.

나이테와 얼음에서 얻은 자료는 세계가 기후 위기(각각 몇 년 동안 계속된)를 최소한 다섯 차례 겪었음을 말해 준다. 그 연도들은 기원전 1628

충돌과 재앙

연대	관련 사건
기원전 1628년	스톤헨지가 버려지다. 모세의 이집트 탈출. 이집트의 전염병. 중국 하 왕조 멸망. 산토리니 화산 폭발.
기원전 1159년	트로이 함락. 그리스에서 미케네 문명의 멸망. 이집트의 대기근. 중국 상 왕조 멸망.
기원전 207년	유럽의 하늘에서 돌들이 떨어짐. 중국에서 극심한 기근이 돌면서 진나라가 멸망하고, 한나라가 들어섬.
기원전 44년	혜성이 나타나고 카이사르가 살해됨. 중국에서 기근 발생.
서기 540년	북유럽에서 암흑 시대가 시작됨. 근동 지방에서 전염병이 돎. 중국에서 기근 발생.

기원전 1628년, 이집트에서 등에가 창궐하여 가축과 사람을 괴롭혔다.

년, 기원전 1159년, 기원전 207년, 기원전 44년, 서기 540년을 중심으로 나타난다. 가장 설득력 있는 원인은 화산 분화나 지구를 스쳐 지나간 혜성 꼬리에서 나온 먼지 또는 실제 충돌에서 발생한 대기 중의 먼지로 생각된다. 혹은 이 세 가지가 모두 결합되었을 수도 있다.

이러한 연대들을 염두에 두고 중국에서 아일랜드까지 세계 각지의 역사와 전설을 살펴보면, 그 이야기들은 새로운 의미로 다가온다. 그 연대들을 전후하여 햇빛이 희미해지고, 여름이 오지도 않은 채 지나가고, 하늘에서 재가 떨어지고, 천사들이 '하늘의 검'을 휘두르고, 신들이 용과 싸우고, 바닷물이 육지로 넘쳐 흘러들어오고, 호숫물이 제방을 넘쳐흐르고, 전염병과 기아가 휩쓸었다는 등의 이야기가 나오기 때문이다. 전에는 단순히 전설로만 여겨졌던 이 이야기들 중 상당수는, 혜성과 그 영향(화산과 지진 활동, 먼지

구름, 해일 등)에 대해 전혀 모르던 사람들의 시각에서 혜성의 출현과 그로 인해 발생한 사건들을 묘사한 것으로 볼 수 있다.

한 가지 극적인 예를 들면, 나이테와 얼음층은 기원 전 1628년이 특히 혹독한 기후가 닥친 해였음을 말해 준다. 이것은 지구를 스쳐 지나간 혜성의 먼지 때문에 일어났을 수도 있고, 며칠 사이에 지중해의 산토리니 섬을 멸망시키고 모세가 이집트에서 탈출할 때 그를 이끈 '불기둥'이었을지도 모르는 산토리니 화산의 폭발 때문에 일어났을 수도 있다. 이것은 전세계적으로 광범위한 재난이 시작된 시기와도 일치한다. 중국에서는 7년 동안의 가뭄으로 하(夏) 왕조가 멸망했다. 아일랜드도 이 때 7년 동안 가뭄을 겪었다. 현재로서는 이러한 증거들에 대한 설명은 큰 논란의 대상이 되고 있지만, 온갖 비판을 극복한다면 이것은 고대사를 다시 고쳐 쓰게 만들 것이다.

영국의 암흑 시대

전설에 따르면, 영국은 6세기에 아서 왕(오른쪽)이 죽고 나서 어려운 시기를 겪었다고 한다. 성 패트릭이 쓴 것으로 전하는 글에서는, 사탄이 거대한 바위처럼 떨어져 내려와, 버려지고 황폐해진 시골들을 한 달 동안 걸어다녔다고 이야기한다. 나이테의 증거는 540년 무렵에 기후가 매우 혹독했음을 알려 주어 전설을 뒷받침해 준다. 이러한 일들은 혜성이 충돌하거나 스쳐 지나가면서 발생한 먼지가 햇빛을 가려 일종의 '핵겨울'을 가져왔기 때문으로 보인다. 또 다른 가설은 좁은 지역에 국한하여 극심한 효과가 나타났다는 데 근거하여 아일랜드해에 혜성이 충돌했다고 주장한다. 전설 또한 혜성 충돌설을 지지해 주는 것처럼 보인다. 전통적으로 아서 왕은 용과 칼과 연관지어져 왔는데, 이것은 고대 세계에서 모두 혜성의 상징으로 사용되던 것이다.

서기 540년 무렵에도 비슷한 사건들이 일어났다. 중국에서는 "용들이 못에서 싸움을 벌였고, 용들이 지나간 자리에 있던 나무들이 모두 부러졌다."고 기록돼 있다. 콘스탄티노플에서는 큰 혜성이 나타나고 지진이 일어났으며, 영국 전설에서는 아서 왕이 죽고 난 다음 영국이 황무지로 변했다고 이야기한다.

슈메이커-레비 혜성의 공동 발견자인 데이비드 레비.
그는 지구에 위협적인 소행성과 혜성을 기록하는 연구에 참여했다.

목성에 충돌한 혜성

이러한 증거들로부터 이끌어 낸 결론은 논란의 여지가 있지만, 태양계에서 목격된 가장 극적인 사건은 그러한 결론을 지지해 준다. 그것은 혜성이 정말로 행성에 충돌한다는 것을 분명하게 보여 준 사건이었다. 1993년 3월 중순, 캘리포니아 주의 팔로마 천문대에서 세 천문학자는 12년 동안 소행성과 혜성 탐사를 계속해 오고 있었다. 데이비드 레비(David Levy), 그리고 캐롤린 슈메이커(Carolyn Shoemaker)와 유진 슈메이커(Eugene Shoemaker) 부부는 기분이 우울했다. 하늘에는 구름이 잔뜩 끼어 있었고, 마지막 필름통은 실수로 일부가 노출되고 말았다. 레비는 필름의 가장자리는 망쳤지만, 가운데 부분은 무사하다는 사실을 발견하고는 안도의 한숨을 내쉬었다. 구름 조각들 사이로 그들은 작업을 계속해 나갔다. 이틀 후인 3월 25일, 캐롤린 슈메이커는 필름에서 목성 근처에 희미한 얼룩이 나타난 것을 발견했다. "이게 뭔지 모르지만, 찌그러진 혜성 같아 보이는데요."라고 그녀는 말했다.

그것은 정말 혜성이었다. 궤도를 자세히 연구한 결과, 나중에 슈메이커-레비 혜성이라고 이름붙여진 이 혜성은 반지름 약 10 km의 혜성이 목성에 붙들렸다가 1992년에 목성의 중력에 의해 '진주 목걸이' 모양으로 분해된 파편들로 드러났다. 그리고 그 파편들은 목성의 중력에 붙잡혀 1994년 7월에 목성에 충돌할 것으로 예측되었다.

인터넷을 통해 이 소식을 접한 전세계의 천문학자들은 흥분에 휩싸였다. 목성에 혜성이 충돌하는 장면을 목격하는 것은 실로 중요한 경험이었기 때문이다. 그것은 거대 기체 행성에 대한 새로운 자료뿐만 아니라, 태양계와 생명체의 진화에 혜성과 소행성이 담당한 역할에 대해서도 많은 것을 알 수 있는 기회였다. 그들은 천 년에 한 번 일어날까말까 한 실제 충돌 장면을 직접 목격할 기회를 얻었을 뿐만 아니라, 새로운 도구(허블 우주 망원경과 그 당시 목성을 향하고 있던 우주 탐사선 갈릴레오 호)도 갖추고 있었다.

그로부터 1년 이상 긴장은 점점 고조되어 갔다. 일부 과학자들은 용두사미격으로 별일 없이

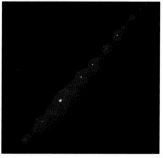

▲ 슈메이커-레비 9호 혜성이 목성의 중력에 의해 분해되면서 '진주 목걸이' 모양의 긴 띠로 늘어서 있다.

◀ 목성에 생긴 21군데의 충돌 장소 중 세 군데가 사진에 나타나 있다.

▶▶ 슈메이커-레비 혜성이 목성의 대기 상층부를 지나가는 모습을 묘사한 화가의 상상도. 아래쪽에 있는 구멍은 앞서 충돌한 파편에 의해 대기 하층부에 생긴 것이다.

끝나지 않을까 초조해했고, 신문들은 대격변을 예측하는 기사들로 넘쳐났다. 실제로 충돌이 일어난 7월 16일이 되자, 모든 우려와 과대 선전은 가라앉았다. 그 무렵에 혜성은 지름 100 m에서 4 km에 이르는 21개의 파편으로 나뉘어 150만 km에 걸쳐 뻗어 있었다. 맨 첫 번째 파편은 커다란 폭발을 일으키며 충돌했다. 그것은 초속 60 km의 속도로 지구에서는 보이지 않는 목성의 바깥쪽 가장자리에 충돌했다. 목성의 어두운 대기 속에서 불덩어리가 폭발하면서 5분 뒤에 3000 km 상공까지 솟아올랐다. 그 다음 20분 동안 그것은 폭 1만 km의 크기로 팽창하면서 목성 표면에 지구만한 크기의 얼룩으로 나타났으며, 목성이 자전함에 따라 지구에서도 그것을 볼 수 있었다. 7월 22일까지 일 주일 동안 나머지 파편들도 목성으로 떨어졌는데, 어떤 것은 폭발을 일으키지 않고 조용히 사라져 갔고, 어떤 것은 목성의 대기에 커다란 얼룩을 만들었다. 파편이 남긴 이 먼지 구름은 서서히 희미해져 갔다.

태양계에서 목격된 것 중 가장 장엄했던 이 사건은 그로부터 여덟 달이 지나자 흔적도 없이 사라졌지만, 그것이 남긴 증거들은 과학자들에게 몇 년 동안 분석할 과제를 제공했다. 여기서 얻은 분명한 교훈은, 지구는 그러한 충돌들이 빗발치는 사격장 속에서 진화했으며, 또 언젠가는 그러한 충돌을 또 겪게 되리라는 것이다.